高密度住宅设计典范

[西] 亚历杭德罗·巴哈蒙
玛丽亚·卡米拉·圣希内斯 著
王建武 译

中国建筑工业出版社

著作权合同登记图字：01-2009-5246号

图书在版编目（CIP）数据

高密度住宅设计典范 /（西）亚历杭德罗·巴哈蒙，
（西）玛丽亚·卡米拉·圣希内斯著；王建武译 . -- 北
京：中国建筑工业出版社，2020.10
  书名原文：Alta Densidad
  ISBN 978-7-112-25553-5

Ⅰ . ①高… Ⅱ . ①亚… ②玛… ③王… Ⅲ . ①住宅—
建筑设计—作品集—世界 Ⅳ . ① TU241

中国版本图书馆 CIP 数据核字 (2020) 第 185877 号

Original Spanish title：Alta Densidad
Text：Alejandro Bahamon, Maria Camila Sanjines
Original Edition©PARRAMON EDICIONES,S.A.Barcelona, Espana
World rights reserved
Translation Copyright©2020 China Architecture & Building Press

本书由西班牙Parramon出版社授权翻译出版

责任编辑： 姚丹宁
责任校对： 焦　乐

高密度住宅设计典范
［西］亚历杭德罗·巴哈蒙　　　　　　著
　　　玛丽亚·卡米拉·圣希内斯
　王建武　译
＊
中国建筑工业出版社出版、发行（北京海淀三里河路9号）
各地新华书店、建筑书店经销
北京光大印艺文化发展有限公司制版
天津图文方嘉印刷有限公司印刷
＊
开本：880毫米×1230毫米　1/16　印张：12　字数：150千字
2020年12月第一版　　2020年12月第一次印刷
定价：145.00元
ISBN 978-7-112-25553-5
　　　　（36328）

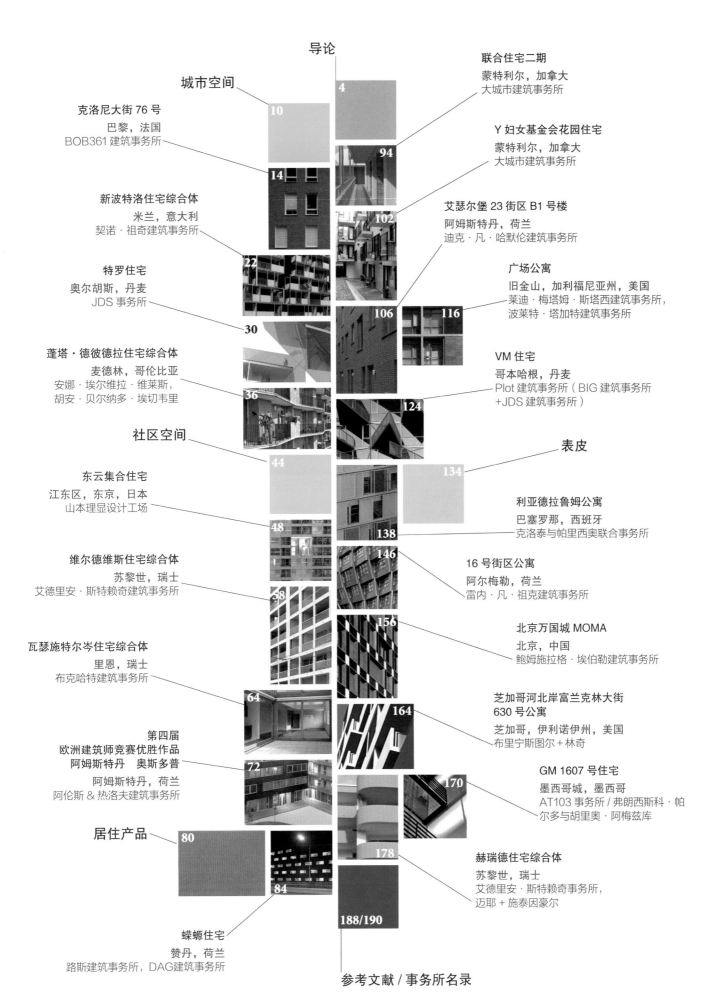

导论
Btá 小组

　　在物理学中，"密度"这个术语是指特定体积内包含质量的多少。如果我们把这个概念移植到建筑学中，"密度"可以被定义为描述单位用地面积之内居住者多寡的量值。正如物理学衡量密度最常用的指标是千克每立方米那样，建筑师普遍采用每公顷容纳的家庭户数这项数据来描述居住密度的大小。

　　科学术语的应用给建筑学提供了纯粹、理性的学科路线，但实际上存在着多种评价密度的方法。作为现代城市的见证者和未来的预言家，我们正在进入设计行业空前繁荣的时代，住宅领域的成果推陈出新、青出于蓝。密度研究绝不会只局限在讨论诸如每公顷住宅户数等纯数字计算问题，它还必须囊括那些难以完全量化的因素，那些可以拓宽我们关于高密度居住建筑认知视野的变量。例如，我们可以研究建筑是否拥有不同规模、多样化的家居户型，毕竟每个家庭的需求迥异，而不同住宅综合体包含的功能用途和辅助空间种类也会千差万别。因此，根据每个特定项目的具体情况，可以从多个视角切入来研究住宅中的密度现象。

城市的密致化
　　今天的城市秉承了高速工业增长的种种影响，住宅必须对新的需求做出回应。在全球城市化程度提升的背景下，城市规划政策向密致化集约化倾斜，这是从可供使用的有限土地中攫取最大利益的途径，因此住宅的建造方法也随之成为城市设计的重中之重。大尺度住宅综合体聚合各类居住空间，提供可持续的城市发展策略，因此成为整合当下城市功能的重要工具。集合住宅的发展紧锣密鼓，正源源不断地为建筑设计带来新愿景。

Btá 小组是一个研究团队，主要关注与建筑和城市相关的各类课题，组成人员包括：
胡塞·罗伯特·贝穆德斯（José Roberto Bermúdez）
拉蒙·贝穆德斯（Ramón Bermúdez）
丹妮拉．圣西内斯（Daniela Sanjinésy）
杰罗·比列加斯·德尔·卡斯蒂略（Jairo Villegas del Castillo）

考虑到如今提高城市密度的迫切需要，本书选取的作品特别值得关注。它们不仅体现一种采用全新建筑策略应对城市变迁的世界性趋势，而且与居住空间升级换代的社会过程步调颇为一致。这些项目的重要性源自它们作为城市更新手段的巨大潜能，无论从规模方面还是从嵌入建成环境的策略方面考虑都显得可圈可点。它们是构成城市场所的控制性要素，强调生活方式与居住空间再创造的居住根本需求。这些项目的真正价值不是建造技术的运用或住宅街区的恢宏气势，而是它们定义居住空间的卓越方式。现代城市不断追逐建筑模式的创新，本书案例的选择与这种诉求珠联璧合。

围绕什么是现代世界最佳住宅类型的疑问——20 世纪前半叶的理性主义建筑师认为这一问题已经得以完美诠释，他们将住宅定义为居住机器——在高密度住宅项目的设计中仍未水落石出。无论如何，人们普遍公认，今天的城市正面对嬗变且多元化的社会发展，人们需要紧跟时代步伐的解决方案，以应对城市化产生的种种力量。高密度住宅不仅探讨和关注那些建筑学历史中已经被提出的主题，而且还必须与今天变化多端、演进不止的城市现实相博弈，开辟一片片崭新的研究领域。此外，地方权威部门为了解决住宅短缺而克隆的标准化方案，或现代建筑学为项目构思与建造所预设的种种理性原则，都被证明无法给住宅问题提供准确有效的答案。社会和经济因素，以及每个居住者为自身住宅做出的个体贡献等因素，都直接影响建筑的最终成果。住宅在社会生活中所扮演的关键性角色依旧给设计带来种种挑战——对建筑学专业来讲毋宁说是幸运——同时也激发人们的创新灵感，采用多元化的方式来解决同一类问题。

现代城市中的住宅建筑

城市的野蛮生长、土地短缺和栖居方式的创新导致人们采用多样化途径来解决住宅需求的增长。现在比以往任何时候都更应当重视项目对所在城市的贡献程度，建筑是城市形态的组成部分，而非与场所无关的孤立单元。环境肌理是新建住宅项目一展身手的舞台，它伴随城市密致化过程逐步形成，清楚无误地抛出新挑战，即在城市已建成区从事建造活动，住宅的设计类型应与所处城市的类型休戚相关。

在漫长的城市生长过程中，都市肌理种类繁多，这也会决定一个建筑项目的属性。首先发迹的是市中心，那是一片布局紧凑的历史街区。然后是城市扩张区域，这里依旧楼阁林立，但相对发展时期较晚，主要被住宅邻里占据。最后是边缘地带，即那些城市与乡

市中心　　　　　　扩张区域　　　　　　边缘地带

村之间的过渡区域，常常密度较低，还包括些许完全没有城市化的
片区。住宅项目的密度是相对的，与其所在位置的城市肌理类型紧
密联系。因此，一个在乡村场所背景中极端密集的项目，倘若放在
稠密城市环境中则会显得疏松许多。为了有效评价高密度住宅，知
晓其坐落的区位并了解周边环境组成元素至关重要。

　　本书把密度作为住宅项目的共有性元素，因此尽管项目所面临
的具体情况千差万别，但人们仍然可以识别出其中的共同性主题。
首先应当认识和理解承担此类设计任务的建筑师所要面对的种种变
量，然后从特有肌理和城市背景的维度对项目进行分类、比较和分析。
通过研究这些变量，本书着重强调那些隐藏在当代住宅建筑表象之
内的本源性特质，厘清它们想要表达的意义：

　　项目会影响城市空间，这种影响对打造友好、宜居、可持续的
城市具有决定性作用。建筑在特定场所中的落地方式定义出它与背
景之间的一系列关系，继而诱发多重解读，周边城市空间也随之被
重塑或再造。

　　高密度住宅把众多住户纳入同一个建筑物中，因此不得不考虑

公共场所与私有场所之间的转换地带。社区公共共享空间设计因此变得逸趣横生，它成为创新性建造计划的灵感源泉，精彩地回应了城市背景条件。

住宅项目的设计引发了建筑师自身立场与人群多样化生活方式之间的冲突，前者希望把住宅需求的功能空间标准化，而后者则显得多种多样、变幻莫测，从某种程度上说甚至根本无法预知。在这两种力量的博弈与调和过程中，居住产品的类型变得千差万别，充分反映出当代社会需求的多样化趋势。

目前关于建筑表皮的讨论为住宅项目设计开辟了创新的处女地。室内与室外的交界面成为本书遴选众多项目中的关键性主题——或者因为其表皮覆盖面积庞大，又或者出于研究公共与私有之间关联性问题的需要。从这个维度来说，一座建筑的表皮正日益成为建筑与环境之间沟通与交流的有效工具。

我们聚焦研究以上四个论题，目的是突出高密度住宅项目蕴藏的主要范式。根据特定需求，本书选取的所有案例对四个主题均有深度切入。尽管每个项目都会涉及上文提到的所有变量，但是我们在单独案例中着重选择探讨一个主题，这是为了更好地对比和阐释当代住宅中多种方案选项之间的优劣异同。

这种项目分类方法并非试图包含此类综合体设计过程中的所有构成元素，但确确实实是把这一领域中建筑师面临的诸多实际问题作为重点。归根结蒂，现代住宅设计中的真正挑战在于深刻理解建筑作为城市构成元素的角色问题，毕竟，城市是负载人们日常生活的容器。因此，一个项目必须超越自身的物理特性，为建造令人愉悦的健康场所添砖加瓦，满足多样化程度显著增加的社会现实之需。

城市空间
城市肌理中的住宅项目

地理沿革与历史渊源

　　地理因素造就并预先设定了地形环境与气候特征，决定了建筑原料的取材，建筑设计若要对自然因素与技术因素的双重影响形成有效反馈，地理学显然是必要的工具。以弗兰克·劳埃德·赖特（Frank Lloyd Wright）的作品举例，他将场地中原先存在的瀑布景观结合在考夫曼住宅（1937）设计中，践行了有机建筑理论。与此异曲同工，蓬塔·德彼德拉住宅综合体（36页）坐落在一处古旧陡峭的采石场坡地上，设计师安娜·埃尔维拉·维莱斯与胡安·贝尔纳多·埃切韦里（Ana Elvira Vélez, Juan Bernardo Echeverri）妙手生辉，把现场地貌特征作为建造过程中的控制性元素。建筑形式与此起彼伏的山川地势融为一体，并通过一座电梯塔楼与城市相连，凸显项目的垂直形态特征。

　　除了扮演基础性角色的地理特征之外，一方土地的历史也是营城建屋的前车之鉴。1960 年代，阿尔多·罗西（Aldo Rossi）引领解构主义风潮，认为建筑与城市环境必须经由历史的棱镜才能被有效解读。这一思潮运用科学程序从（城市）自身的组成元素维度切入城市研究，目的是理解城市现状结构，阐明其外在形式之下蕴含的内在逻辑。换言之，城市场所中的开发项目必须与其先辈们互补耦合。顺理成章，罗西在可移动的"世界剧院"设计中（1979，即"威尼斯双年展"漂浮剧场。——译者注），参考了威尼斯历史建筑的内在传统。

距离现在更近的一个案例来自 JDS 事务所在丹麦特罗堡（trøjborg, 俗称"草幽堡"）历史街区中设计的住宅（30 页）。住宅塔楼弯曲形成一道拱门，与周边环境遥相呼应，小心翼翼地保持原有视觉通廊和自然日照，把新项目的影响最小化。

城市中的生长过程

若把一座城市的发展看作时间（历史）与空间（地理）的交汇融合，那么其众多基本组成元素的形态都无可争议地取决于城市扩张的模式。从这种意义上说，城市化、场地划分与建造就是马努埃尔·德·索拉·莫拉莱斯（Manuel de Solá Morales）在《城市生长形态》（1997）中定义的三类实务。这些过程并非总是同时、连续不断地展开，但究其效果而言，它们能在时间与空间中，把城市中海量的构成元素相互整合起来，塑造出五花八门的组合方式。

若将城市规划、场地划分与建造等三项工作毕其功于一役，则意味着设计流于宽泛，且成果来源单一，而忽略了时间因子对塑造城市的决定性影响。这种模式导致整齐划一的城市形态，演化出类似勒·柯布西耶"当代城市"（1922）之类的乌托邦方案，柯布西耶的假想城市可容纳 300 万人，是对城市及其中居民行为的公开宣言。与之迥异，赛达尔（Cerdà）规划的巴塞罗那扩展区（Eixample），其城市化过程将道路系统、街区形态、土地划分等因素作为勾勒与刻画城市特色的手段。建造过程相对滞缓，并伴随时间的流逝而变迁——最终打造出一座丰富多样、生长变幻的城市，其形态受到物业投资，城市合并与高密度化等诸多因素的影响。

在地项目

　　一个建筑项目涉及诸多背景因素，它们编织出了城市生长的脉络与过程，构成建筑设计的限定条件。它们不仅塑造城市历史的特定片段，同时也成为制定未来建设策略的全新出发点，这一原理直接影响特定类型的建筑项目。举例来说，天井在一座建筑内部创造出另类的城市空间，而摩天楼则将行为活动浓缩在一座高塔之内，在周边场所中显得远近相宜。新波特洛住宅综合体（nuovo portello），由契诺·祖奇建筑事务所（Cino Zucchi Architetti）设计（22 页），是一个复杂的城市更新项目，它为米兰郊区一处陈旧的制造业工业区带来了勃勃生机。建筑在场地中的布局——其形式、尺度、开放空间，甚至外装饰材料——无不回应特定的背景条件。综合体的一侧紧邻高速公路，因此造型较其他部位而言封闭而狭窄，而场地的另一端则俯瞰崭新的城市公园，建筑体型显得卓尔不群，项目入口面向气派的广场，立面中还点缀着硕大的露台与窗户。

　　罗杰里奥·萨尔莫纳（Rogelio Salmona）构思的公园住宅区（1967），结合周边环境元素作为设计主题，场地的划分模糊了公共区域与私密区域之间的界限。三座塔楼与斗牛场、天文馆的圆形形态之间建立对话关系，在与之毗邻的城市公园衬托下，创造了一座既为居住者自身服务，同时也为城市其他居民带来福祉的综合体，成为波哥大（Bogotá）的城市名片。

　　随着时间流逝，一座城市中形形色色的更新改造与规模扩张，终究会对一个新建项目产生举足轻重的影响。本章节选取的案例，均以建筑与环境背景之间产生的共生共存关系为突出特征，也正是这一特征为城市带来了生活气息，并刻画出场所的性格气质。

克洛尼大街
76 号

296
户
每公顷

建筑师	BOB361 建筑事务所
地址	巴黎，法国
建成时间	2003 年
户数	30
户型数	4
居住人数	95
用地面积	1011 平方米
建筑基底面积	611 平方米
总建筑面积	3028 平方米
摄影	© 维尔克卢塞与迪雅尔丹

　　一些项目影响力显著，为城市景观带来崭新的面貌，同时也存在一些仅仅对环境布局做出简洁回应，气质精微、内敛审慎的作品。克洛尼住宅便属于后者，建筑位于巴黎市中心，基地俯瞰一座小型公园，由 26 户公寓外加 4 栋半独立式住宅组成。建筑设计是在分析研究日照角度与周边城市文脉的基础上作出决策的。

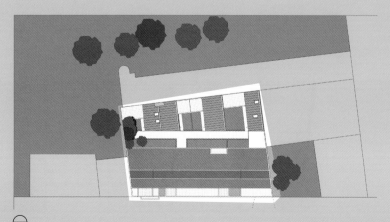

区位平面图

首层平面图

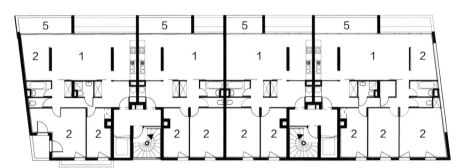

四层平面图

1. 起居室
2. 卧室
3. 自行车库
4. 垃圾间
5. 露台

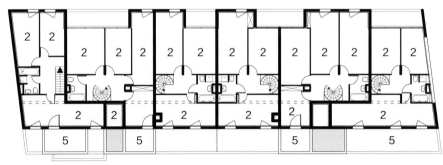

五层平面图

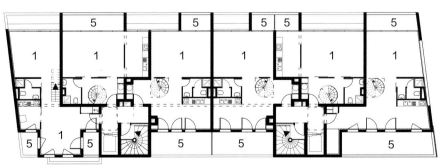

六层平面图

克洛尼住宅地处 13 区核心位置，这一地区——除了拥有国家
图书馆与中国城之类的地标之外——绝大部分属于居住区，以和谐
静谧，狭小通幽的街道闻名于世。

作品由 BOB361 事务所设计，这是一家年轻有为，活力四射
的法国——比利时跨国公司，设计师充分利用项目无可比拟的地缘
优势，同时根据每个立面朝向与日照条件的不同，采取差异化的设
计手法。北侧是建筑的主立面，构图简单明快，韵律齐整，异质性
元素仅有穿插在立面中的两扇硕大的玻璃窗栅，以及西侧角落切削
体量形成的露台。绵延的玻璃透空门厅与通往停车场的出入口一同
面向街道，形成适度的开敞。在建筑的上部，体量收分有致，强调
所有楼层的日照效果，同时为顶部几个楼层预留出宽敞的露台空间。
在西立面一侧，体量再次微微切削，为基地后侧部分与公园之间打
开了视觉通廊。

各种结构墙体构成建筑的基本元
素，墙上的洞口排布方式表达了
显而易见的设计意图，封闭靠街
道的室内空间，但敞开临公园一
侧的外立面

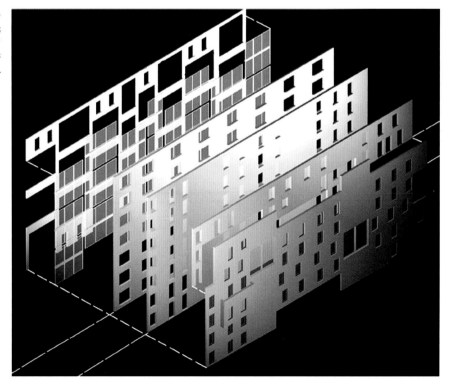

建筑围护墙轴测图

南立面的情形迥然不同，开放性极佳，把阳光与景色优势发挥得淋漓尽致。建筑师们创造出一种双层通高的楹廊式露台系统，露台单位跨度占每户公寓面宽的一半，它们成为蓝天与公园景观的取景框。露台的布局高低错落，对仗有序，立面韵律感十足，同时保证了所有家庭居所的私密性。建筑的后部排列着四座半独立式住宅，一条内部小径和几方绿植庭园将它们与主体建筑一分为二。设计初稿方案计划把它们设置在临街一侧，为的是减小街区的整体尺度，但最终决定将其与主体建筑调换，摆放在基地后部区域，保证所有家庭拥有同等的日照水平，享用同样美好的公园景观。灰砖饰面扮演协调性元素的角色，而临街面中两扇大型玻璃窗格选用的绿色调则不失为一种补色，它与入口门厅外墙上绵绵密密的爬墙绿植交相辉映。

后侧立面中运用清水砖艺，使得
新作品与周围现状建筑之间关系
更加和谐共生，概因砖饰面为其
通用之材料 »

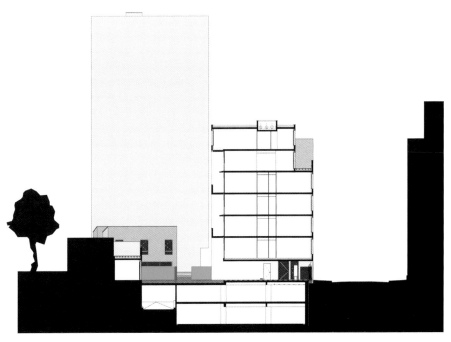

横向剖面图

新波特洛住宅
综合体

230

户
每公顷

建筑师	契诺·祖奇建筑事务所
地址	米兰，意大利
建成时间	2007 年
户数	115
户型数	2
居住人数	392
用地面积	5000 平方米
建筑基底面积	2535 平方米
总建筑面积	12000 平方米
摄影	© 契诺·祖奇建筑事务所

　　与许多欧洲大规模城市在后工业化时代推行的改建与更新过程类似，米兰周边的旧有工业带一直以来都在经历着意义深远的革新活动。新波特洛项目将以前的阿尔法·罗密欧工厂改造成一座气势恢宏的城市公园，成为周边星罗棋布的住宅、办公楼与购物中心空间之焦点。

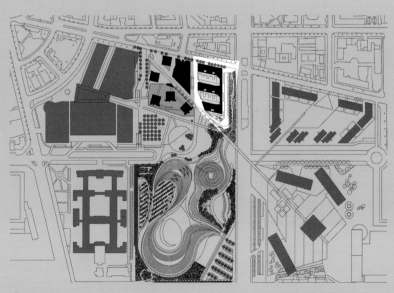

区位平面图

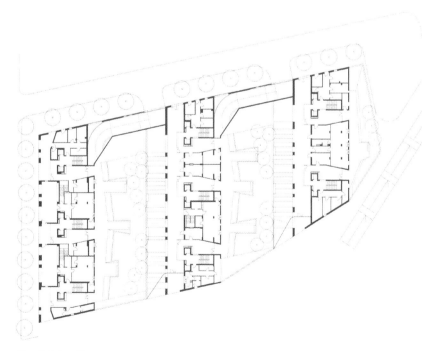

首层总体布局图

契诺·祖奇建筑事务所（Cino Zucchi Architetti）被委托主持这一称为2b-2c区域的建筑更新设计工作，作为新波特洛大项目的有机组成部分，它创造了公共性与私密性俱佳的住宅建筑。这块场地占地面积较大，因此设计不仅需要营造居住尺度的空间感受，还应在新建公园与城市二者之间建立起纽带关系。为了实现这些目标，建筑师沿特拉诺亚街布局了一座开放式广场，一条步行道自广场沿对角线方向贯穿整个基地，连接起综合体中的所有建筑，另一端则是公园的主要出入口。整体设计在维持较高密度的同时保证了良好的居住质量，创造出优雅宜人的步行环境，公共园林景观和宽敞的建筑露台，有效融入新的城市布局体系。在项目一期阶段，设计师们构思了一座由三个体块组成的建筑，每个独立体块均有八层高，由一面墙体连接起来，使得综合体形成完整统一的空间效果。三个体块沿着一条交通繁忙，车辆川流不息的道路一字排开，但因其布局模式巧夺天工，住户们得以在远离噪音污染的同时，最大程度沐浴在自然日照之中。

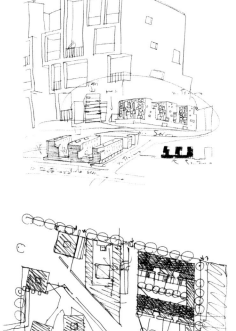

构思草图

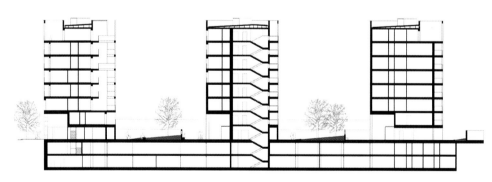

横向剖面图

　　入口与交通区域布置在街道的另外一侧，朝向公共花园，绿植庭院景观将三个建筑体块逐一分离。建筑的主立面效果与场地的环境背景不谋而合：在面朝城市的方向，立面中镶嵌着大大小小的开口，它们位置灵活，变化多端，而在面向公园的方向，一副魁伟健硕的钢结构框架伫立挺拔，保护着建筑露台，视觉效果凸显魅力、动感十足。项目的二期部分日前接近竣工，主要包括五座住宅塔楼，以及由阿尔法·罗密欧工厂旧自助餐厅改造而成的办公空间。五座塔楼并非孑然孤立，各自为政，而是形成相互渗透的联合体，使得城市系统蕴含的复杂性与新建公园展现的几何简洁性之间相互协调，自然过渡。

建筑材料的选取——深色面砖，白色特拉尼（Trani）石材，灰绿色瓷漆钢构件——灵感来自战后的米兰住宅建筑风格

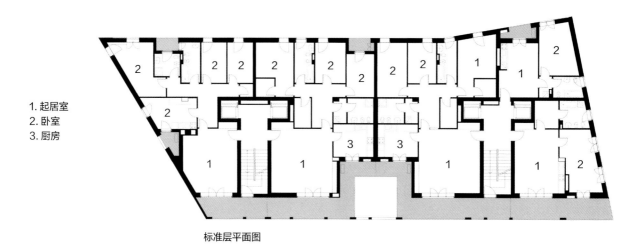

1. 起居室
2. 卧室
3. 厨房

标准层平面图

东南立面图

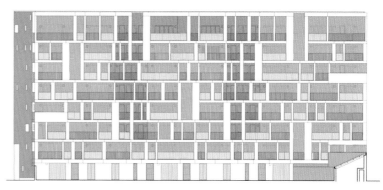

西南立面图

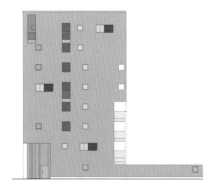

西北立面图

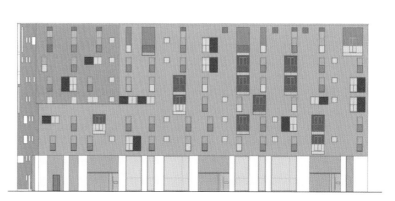

东北立面图

特罗住宅

566
户
每公顷

建筑师	JDS 事务所
地址	奥尔胡斯，丹麦
建成时间	方案（2009 年）
户数	6
户型数	5
居住人数	9
用地面积	106 平方米
建筑基底面积	72 平方米
总建筑面积	642 平方米
摄影	© JDS

之所以设计这座体型弯曲的建筑，是为了将特罗堡（Trøjborg）历史街区中心地段两座现状不佳的住宅相互联系起来。这一区域地处奥尔胡斯市，由于与大学毗邻，滨临大海，又接壤市郊大片森林而远近闻名。建筑师采用经典的拱券造型作为构思出发点，两座塔楼分立左右，遥相呼应，主要给学生与青年学者提供 loft 套房。

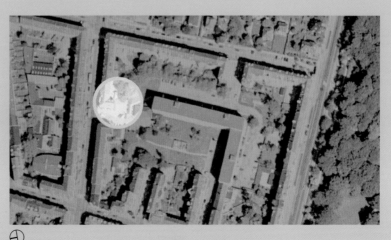

区位平面图

新建筑的造型与周边历史建筑的
比例相互均衡协调。跨越街道两侧
的拱券造型传承有序，古韵盎然，
形成进出城市的门户

《
本项目是 JDS 事务所的作品，不
仅补全了两座不完整的建筑，而
且注定成为崭新的城市地标，描
绘出一幅胆识过人，意气风发的
美好发展愿景

　　2005 年，PLOT 建筑事务所的发起人之一，朱利安·德·斯
梅德(Julien de Smedt)创立了自己的公司，业务涉猎多学科的交叉，
尤其注重研究与分析工作。他接受工程顾问公司的委托邀请，在奥
尔胡斯市一处历史街区中，完成两座住宅建筑的设计。建筑师提出
将两个体块在顶部倾斜弯折，形成横跨道路的拱形体量。两座塔楼
依靠中央核心筒作为主体结构，并组织竖向交通系统，而立面中的
一系列斜撑也起到辅助结构支撑作用。每个户型包含一个跨越二至
三层的简洁而通高的空间，立面完全使用玻璃做维护材料，室内空
间通透明亮，一览无余。作品还设想伴随着时间的流逝，立面中的
斜撑会被一层绿色植物逐渐覆盖。建筑的顶部建造公共屋顶花园，
是绝佳的城市观景平台。

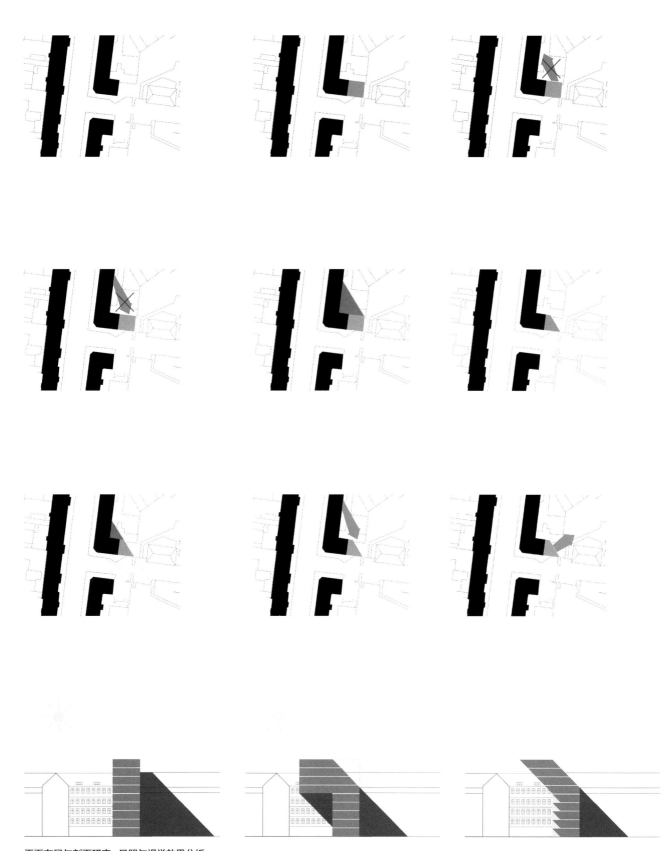

平面布局与剖面研究：日照与视觉效果分析

为了最大程度避免对周边建筑的
不利影响，塔楼的体型充分考虑
城市场所背景，并在自然日照与
视线分析基础上构思生成

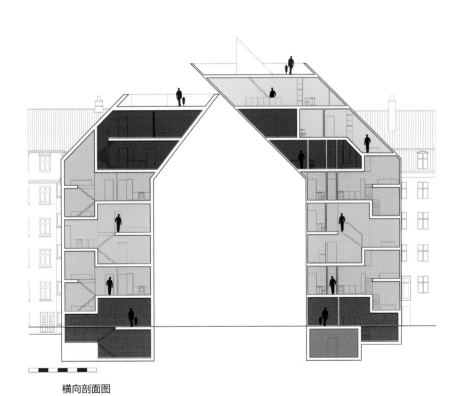

横向剖面图

为了最大程度避免对周边建筑的
不利影响，塔楼的体型充分考虑
城市场所背景，并在自然日照与
视线分析基础上构思生成

蓬塔·德彼德拉
住宅综合体

082
户
每公顷

建筑师	安娜·埃尔维拉·维莱斯，胡安·贝尔纳多·埃切韦里
合作者	卡洛斯·安德烈斯·佩雷斯，埃斯特班·博特罗，埃利安娜·贝尔特兰
地址	麦德林，哥伦比亚
建成时间	2006 年
户数	412
户型数	3
居住人数	2060
用地面积	50000 平方米
建筑基底面积	5114 平方米
总建筑面积	31879 平方米
摄影	© 塞尔吉奥·戈麦斯

　　麦德林市地处山区，高低起伏的地形是项目场地的先决条件之一，也成为激发灵感，唤起建筑创作情趣，设计成功作品的原发性因素。建筑师充分利用陡峭坡地的自然现状，构思了一组自成体系、伴随山形地势逶迤成趣的住宅综合体。

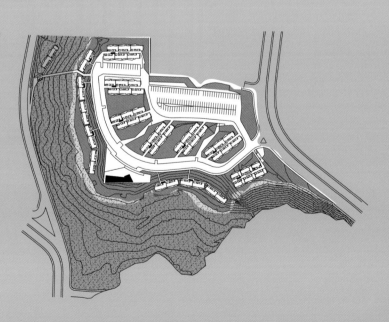

区位平面图

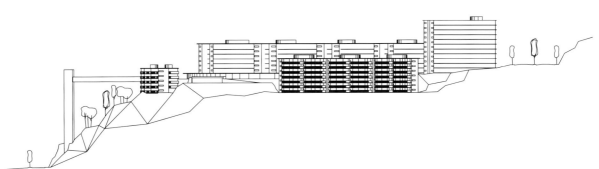

南立面图

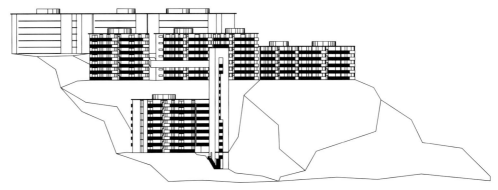

西立面图

《
项目位于一座面积超过 38000 平
方米的采石场旧址中,与周边环境
相互协调,提供 412 套公寓,而
一系列开放空间则成为观赏城市
的最佳位置,同时把建筑群紧密
组合为和谐整体

公寓住宅 6 至 8 层高,因循曲折的地形等高线布置,楼宇之
间由一组小径或开放空间相互联系,周边的层叠山色便也借此铺陈
开来。一座挺拔俊秀的混凝土塔楼,高 16 层,内设两部电梯与一
部楼梯,竖向上通达公寓各自然层,也是联系场地高低两端的交通
纽带。一座 45 米长的金属桥梁这端连接混凝土塔楼,另一端则与
一片高地连接,高地覆盖着下面的两层地下停车场,并且设有通往
城际公路的出入口。设计师希望活用建筑创作方法,塑造全新的坡
地景观效果,手法精纯谙熟,超凡脱俗。一幢幢建筑布局严谨,最
大程度利用崎岖不平的地势之利,体块之间依靠绿地分隔开来,使
得建筑与环境的关系唇齿相依。在建筑内部,三种公寓户型组织有
序,辅助空间内向布置,而居住空间则享有良好的外向视野。这些
空间模式的细分方法多种多样,因此特定住宅单元内部存在一定程
度的灵活性。

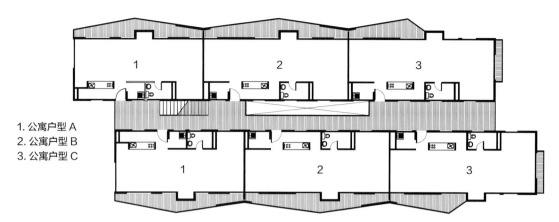

1. 公寓户型 A
2. 公寓户型 B
3. 公寓户型 C

标准层平面图，典型建筑

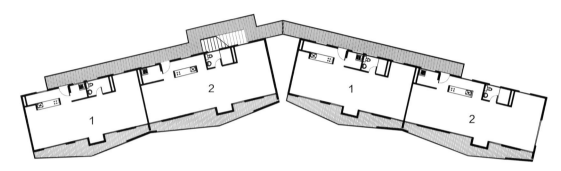

标准层平面图，（场地）边缘的建筑

正立面图，典型建筑

纵剖面图，典型建筑

侧立面图，典型建筑

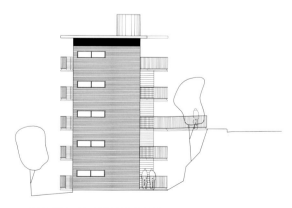

侧立面图，（场地）边缘的建筑

《
每座建筑的平面都经过理性的推
敲与排布，拥有宽敞明亮的空间
效果，可以根据住户的需求再次
细分

　　每户公寓都拥有露台，从这里可以俯瞰城市全貌，同时，露台
的几何形态构成也从形式上强化了项目的特征。一条道路围绕住宅
综合体延伸，通过架桥方式与边缘的公寓连接，吸引业主们到大自
然中游弋漫步。项目选取哥伦比亚最为稀松平常的建筑材料，例如
混凝土与清水砖，却创立了一种现代风格特征，令设计与众不同，
而对住宅单元卓有见地、细致入微的布局与精准定位更是画龙点睛
之笔。基地自然条件不仅赋予场所悦人的美感，而且令建筑如虎添
翼，环境影响力显著提升。住宅呈现条带式排列，回应地形之起伏，
建筑之间的关系也随之变换，与景观一道形成和谐共生的整体。

社区空间

追逐场所共享是人们的固有需求

　　工业革命为 20 世纪初的建筑师们提出了现代建筑学的终极性挑战：如何规划新增的城市聚居区，以及如何建造配套住宅设施来满足人口增长的需要。他们的工作领域逐步拓展，其结果是设计师的关注点不再完全局限在之前习以为常的任务范围，即那些大体量的公共建筑、别墅、宫殿、祈祷场所等。为城市新增人口设计大众住宅也成为他们工作的有机组成部分。

　　建造理想工人社区居住环境的理念一直备受争议，这些思想源自伦理学与哲学考量，主要以利他主义立场的个人化创造与革新为代表。19 世纪前半夜，人们提出了一些相关理念，例如罗伯特·欧文（Robert Owen）建立的经济上自给自足的郊区公社，查尔斯·傅立叶（Charles Fourier）的公共住宅探索，以及埃比尼泽·霍华德（Ebenezer Howard）的田园城市运动等。这些思潮与实践随后被称为"乌托邦"理想。民众对随处可见的过度拥挤与岌岌可危的公共健康状况颇为关切并积极响应，这些问题在当时已经成为关系社会稳定的因素。理想主义社区的愿景最终偃旗息鼓，取而代之的是要求国家提供公共性住宅的法律与规章。这种解决问题的途径规避了乌托邦主义者难以逾越的悖论式难题：如何通过建筑设计建立社区生活的基础。每个方案的公共共享空间布局都不尽相同，但都体现了对社区理念的关注与思考。道路与住宅之间的过渡区域是公共空间与私密空间的交界腹地，因此被精心谋划，成为促进人们沟通联系的纽带。

今天的集合住宅再次鼓励建筑师关注这类公共媒介空间的设计，它们是激发社区生活的良方妙药。交通区域，会议据点，公共入口，公用空间或不同建筑物围合的共享休闲场所形成了社区最直接、最密不可分的环境背景。而且，在一座独立建筑中容纳多户住宅，事实上也就无可避免地意味着多种元素共享，例如立面，分户墙，结构承重构件与管道系统。这些元素形成了每个项目的基本居住条件，打造出社区生活的典型特征。

公私之间

街道与住宅之间的转换与连接元素不可或缺，概因有些住宅单元由于竖向布局的原因被剥夺了与城市空间直接接触的机会。高密度住宅必须坚持不懈地关注和利用这些元素，通过设计探索，它们得以在建筑物内部模拟城市公共空间之效用。英国建筑师埃莉森与彼得·史密森（Alison and Peter Smithson）在 1952 年伦敦金巷住宅竞赛中设计的水平向交通元素体现了这一理念，它们扮演的角色超越纯粹的交通联系功能，升级为名副其实的空中街道，或如建筑师所言，"被充实的空"。公寓入口朝向平台布局，每座平台服务 90 个家庭，这些家庭因此发展形成独特的社会"实体"，而"'户外街道'则演化为带有身份认同感的场所"（马可·维多图，Marco

Vidotto，1997）。

　　交通空间可以成为吸引居住者休闲逗留的地方，在人居 67
（HABITAT 67）项目中的情形便是如此，这里是蒙特利尔市为举办
1967 年世博会建造的实验性住宅。摩西·萨夫迪（Moshe Safdie）
工作室创造出一系列别致的小型社区空间，它们与住户之间的水平
交通元素相互连接。一座建筑的屋顶同样可以被当作共享场所使用，
例如勒·柯布西耶设计的马赛公寓（1952），屋顶设有田径跑道，
一块游艺场地，以及满足公众聚会使用的空间。MVRDV 事务所的作
品，马德里"瞭望台"社会住宅（El Mirador，2005，也称米洛德
住宅。——译者注）与此异曲同工，建筑体量围绕开阔的高空社区
公共平台进行组织，这里俯瞰城市，是绝佳的观景集会场所。

　　高密度住宅项目的出入口扮演了尤为重要的组织角色，因
为它们建立起社会公共场所与社区空间彼此之间的过渡与转换。
阿方索·雷迪（Affonso Reidy）在里约热内卢设计的佩德雷古柳
（Pedregulhos）大规模住宅（1953）项目中，由于地势的倾斜，
建筑入口被布置在三层，这里空间形态宏伟开敞，却又同时拥有屋
顶覆盖，能把整个城市美景尽收眼底。这个摄人心魄的设计元素令
建筑的气息与众不同，人们通过垂直交通到达这里，而竖向交通设
施同时还联系着各层公寓，以及社区的其他辅助性共享空间（休闲、
管理、设备区域等）。

建构自由空间

　　一座建筑的类型特征和它在场地当中的布局方式定义了自由空间的分布，同时也决定着这些空间的属性是社会公共性的还是社区性的。自由空间的组成元素五花八门（天井、通廊、露台、街巷等），功能丰富，涵盖着多种需求（公寓的日照 - 通风，社会交往，过渡性区域，独立空间等）。社区空间是联系项目室内外空间的关隘，也将城市公共性领域与住宅群内部私密性领域区分开来。第四届欧洲建筑师竞赛（Europan 4）中，阿伦斯与热洛夫建筑事务所（Arons en Gelauff Architecten）在阿姆斯特丹奥斯多普（Osdorp）的参赛作品（72 页），以车库上方的庭园作为中央社区公共空间，这里位于建筑三层，其形态唤起人们对奥地利院落的联想，其特征是周边体块围合，而位于核心的庭院用做公共空间。在这个项目里，内部庭院的一侧边界开放，通过这里，可以俯瞰建筑外部 6 米之下的社会公众区域，那里是一派枝繁叶茂的葱茏景象。然而，仅仅依靠人们的偶发接触或共享空间并不能自动自觉地激发出紧密的人际关系。如果设计能使这些空间的用途更加灵活多变，人们就能愈加创造性地利用它们，而它们被社区成员占用的频率也就越大。这些空间应该成为社区生活的激发器，满足所有那些被居民认为可能发生的活动之需。以下项目中涉及的社区空间有效拓展了设计视野，为营造友好、健康的社区生活提供了多种选择与可能性。

东云集合住宅

455
户
每公顷

建筑师	山本理显设计工场
地址	江东区, 东京, 日本
建成时间	2005 年
户数	420
户型数	6
居住人数	798
用地面积	9221 平方米
建筑基底面积	5938 平方米
总建筑面积	50095 平方米
摄影	© 扬·多米尼克·盖佩尔

东云集合住宅坐落在有明（ariake，日本地名）人工岛的最东端，距离东京市中心不足5公里，所在区域与城市港口毗邻。这是一个高密度租赁性质的住宅开发项目，也是区内城市更新计划的有机组成部分。

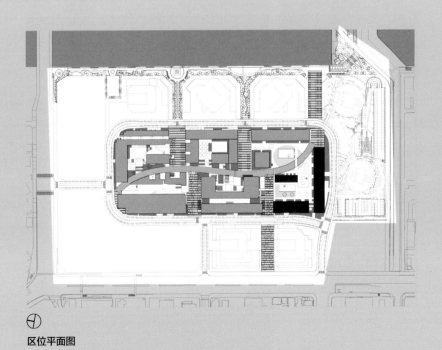

区位平面图

项目设计的主旨理念如下：将居住场所与工作场所合二为一，在一座独立建筑内开展丰富多彩的行为活动，并且提供一种在日本不甚多见的原创性建筑类型

比例模型

首层

二层

《
建筑的严谨规整与内部公共空间的简洁构图是本项目引人关注的特色，即便在东京这座高度异质化和破碎化的城市之中仍然显得独树一帜。

　　来自六个不同设计团队的建筑师被委托分别设计六组不同的住宅组团，这些建筑一道组成了东云集合住宅。六组团队之间达成共识，采用一体化的社区空间设计，类同的外部立面构成模式，标准化的建筑高度。东云住宅造型简洁，体量致密，形成了在当下日本十分鲜见的都市景观。建筑立面形态坚固稳健，有效屏蔽了周边环境背景的负面影响，同时保护内部社区空间不受干扰。居所周边的公共空间由带有木栈道的花园与为居住者或当地实业劳动者服务的休闲交流场所混合构成，注重激发公共活动，保持综合体建筑全天人气兴旺。一条蜿蜒曲折的内部道路构成中心轴线，把各个住宅联系起来，同时标识出社区公共服务设施的入口。附近城市区域的更新计划自本项目起始，因此它也被称作 1 号大厦。建筑由三个体块组成，其中两座 14 层高的板楼相互垂直，呈现 L 形布局，把基地的一隅完全封闭起来。它们之间由轻盈的通廊连接。第三座建筑在 L 形体量的内部，与其他住宅一道分享公共空间。

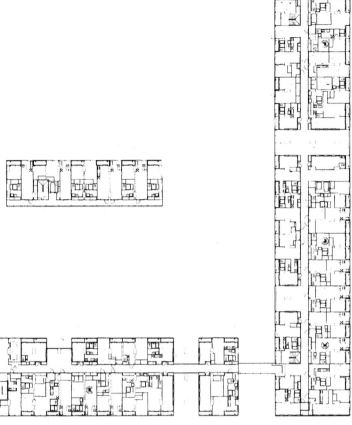

《
平面中面积最大的户型沿着外围
布局，而较小的户型面朝中央

标准层平面图

　　每座建筑都以 6 米为模数做室内分隔，呼应立面
划分，也限定了 3 米面宽的卧室格局。立面中的开敞
空间尺度硕大，从建筑的一端延伸到另一端，形成 2
层高的露台，从建筑外部观察十分醒目，打破了立面
重复冗长的感受。这些室外区域被彩色条带装饰起来，
在很远的地方都可分辨。建筑师的立意是创造时下新
型家庭场所，将工作空间与居住区域紧密结合。项目
的一个基本单元面积 55 平方米，被当作可在城市其
他位置推广的范式。每户住宅的主要空间按照办公功
能进行布局，带有展示性，与走廊之间采用玻璃分隔，
把室内与室外联系起来，模糊了公共性与私密性之间
的显著差异。

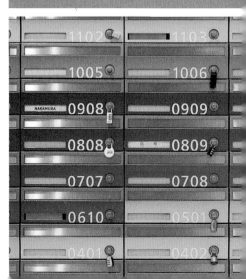

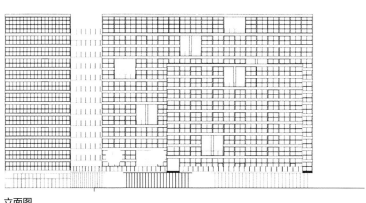

立面图

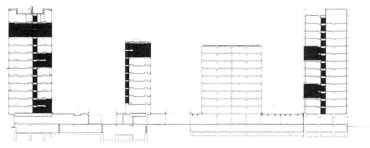

横向剖面图

《
公共区域室内设计呼应了设计构
思，即创造满足家庭与工作双重
功能需求的场所，每个住宅单元
均采取类似策略

 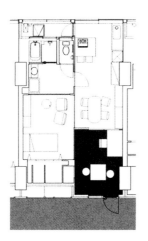 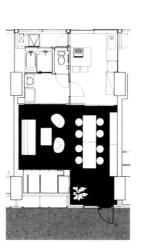

基本居住户型平面图（多种室内布局选择）

维尔德维斯
住宅综合体

105
户
每公顷

建筑师	艾德里安·斯特赖奇建筑事务所
地址	苏黎世，瑞士
建成时间	2007 年
户数	152
户型数	5
居住人数	500
用地面积	14489 平方米
建筑基底面积	4969 平方米
总建筑面积	32313 平方米
摄影	© 艾德里安·斯特赖奇，罗杰·弗赖，格奥尔格·埃尔尼，安德里亚·赫尔布林，玛拉·曲劳

崭新的维尔德维斯住宅综合体是苏黎世市政厅主导开发的试验性工程，地处城市西部的一方社区之中。政府干预的初衷是为公共住宅综合体重塑社区的概念，证明建成区内的改造项目可以成为城市发展的优秀范例。

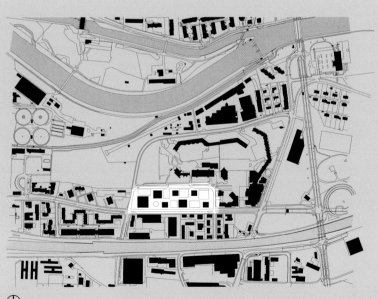

区位平面图

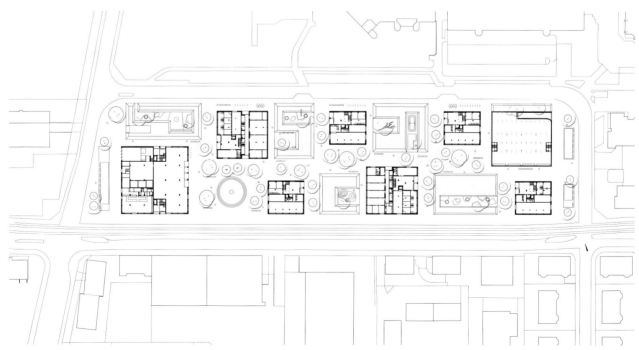

首层总体平面图

　　项目坐落在苏黎世郊区一片建成已久的区域内，替换改造之前
存在的 257 套 1950 年代旧住宅，因此，设计遇到的首要挑战便
是如何树立社区认同感，弥补拆毁原有居住综合体造成的缺憾。新
方案最大程度上关注建筑群内的公共区域与社区空间，但与原来的
综合体比较，它的总体居住密度却更大。项目包括 7 座独立式住宅，
它们在一块狭长的基地中相对而立、和谐共存。公寓规模从 65 平
方米到 154 平方米不等，共有 5 种户型。公寓的格局十分强调功
能性，白昼与夜间的使用空间被清晰地划分开来，而主要的起居室
则布局在建筑角部，把日照条件与视觉景观优势运用到极致。所有
的公寓都有宽敞的露台，这里俯瞰组团中央，成为密切室内与室外
空间关系的纽带。

1. 入口
2. 入口门厅
3. 起居室 / 工作室
4. 卧室
5. 洗衣间

塔楼平面图，A 类型

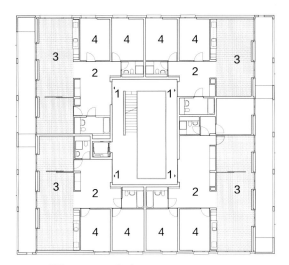

塔楼平面图，B 类型

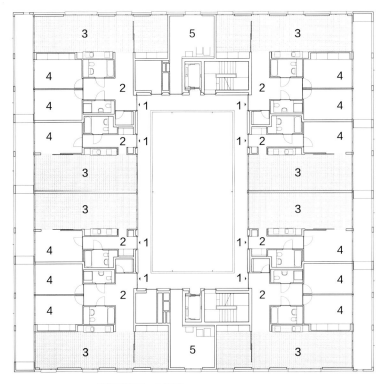

塔楼平面图，C 类型

《
项目的一切公共性区域都是关注
焦点与重中之重，室内室外无不
如是。伸展的挑台通向各户公寓，
它们及社区休息厅都与公共空间
拥有紧密的联系

政府介入最有趣味与最富革新理念的地方源自社会与生态学领域，这强化了综合体展现的社区精神。市政厅通过对这个项目的支持，意图证明公有营造行为比私营开发商在工程质量、建造过程、环境意识、资源合理利用等方面都会技高一筹。自然而然地，建筑师在项目的各个阶段都运用了一系列独创性的、社会或生态学措施。例如，原有建筑内的厨房设备被低价出口到发展中国家，而91%的建筑垃圾被循环利用，作为生产混凝土的原材料。与此同时，新建筑首层空间为艺术家们提供了举行临时展览的场所，与拆除之前老房子完全空置的情形有天壤之别。一旦新组团竣工投入使用，首层空间就担负起公共性或社区性功能，正如其中那些为当地音乐家预留的空间那样。另一个重要的社会因素是公寓的分配方案，每个在重建计划中搬离的住户都拥有回迁的寓所。

瓦瑟施特尔岑
住宅综合体

056

户
每公顷

建筑师	布克哈特建筑事务所
地址	里恩，瑞士
建成时间	2005 年
户数	75
户型数	3
居住人数	230
用地面积	13375 平方米
建筑基底面积	5475 平方米
总建筑面积	14400 平方米
摄影	© 圭多·施奈格，汤姆·比西格

里恩是巴塞尔州辖区内的一座城市，拥有 20000 人口，毗邻德国边境。设计师在这座乡村建筑中采用当代风格范式，促进城市化发展，同时保持尺度的谨慎克制，使得它与基地环境的关系和谐融洽。建筑师在项目开发过程中体现出的敏锐洞察力令人刮目相看。

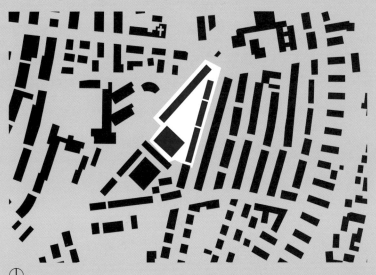

区位平面图

　　综合体与城市入口接壤，临近一条铁路线，共包含三座单体，它们分别沿着一块三角形场地的边缘布置。基地附近商铺林立，并且拥有一座幼儿园与一座学校，因此被认为非常适合地产开发。整个项目被全权委托给布克哈特建筑事务所主持，它是瑞士最大的建筑事务所之一，专门从事城市规划与大尺度商业住宅设计。建筑师十分关注解决方案的灵活性，不仅强调建筑效果的引人注目，新颖别致，而且需要完美体现里恩这座城市的静谧与温暖气氛。项目包括三种类型的公寓，它们分布在各自体块之中，而场地中央则是一座2000平方米规模的大型公共庭园。建筑的高度只有三至四层——与周边已有项目体量保持协调。

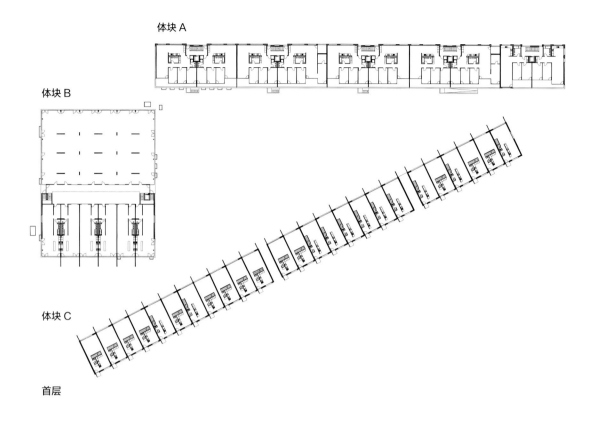

体块 A

体块 B

体块 C

首层

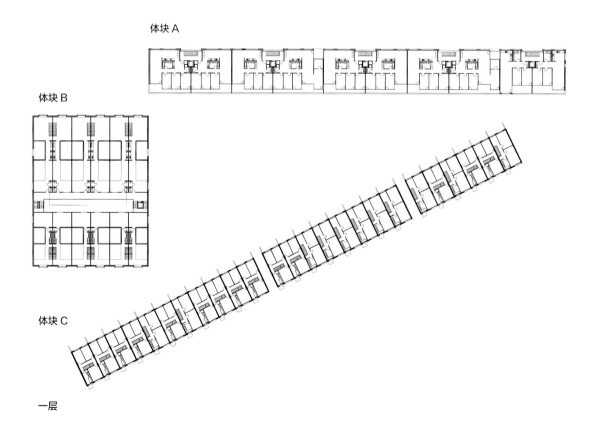

体块 A

体块 B

体块 C

一层

A 体块位于基地北侧边界，容纳了 32 户出租公寓，面积从 80~158 平方米不等。建筑师充分发挥布局优势，使得社区公共空间沿整栋建筑铺陈伸展，两个方向上都拥有良好的视野，全天不同时段均有绝佳的日照角度——这是硕大的采光窗与私人露台相互相结合带来的结果。由于建筑体形狭长而消瘦，因而设置了 5 个独立入口，这样就减少了走廊面积，并且有利于完整地利用公寓的进深宽度。建筑首层由小型工作室组成，可当创作工坊或办公室使用。B 体块包含 18 套 loft 风格的公寓——同样可以提供租赁——拥有宽阔开敞的两层通高空间。房间围绕一个双层高度的内庭院布置，自然光线能够渗透到达每户住宅的核心地带。最后一类 C 体块则划分为 25 套半独立式住宅，每套住宅拥有一个小型私人花园。

≪
装饰材料运用木制窗牖与橡木地板，材性圆润温暖，与素混凝土、石材铺装的朴素简洁特征相呼应，互补对照

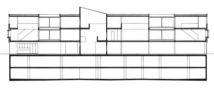

纵向剖面图

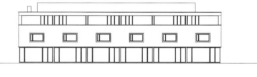

纵向立面图

侧立面图

《《
B 体块主要由 Loft 风格的住宅组成，规模从 95 平方米到 188 平方米不等。这些公寓分别朝向南北两个方向，它们之间被一条顶部采光的公共通廊分隔开来

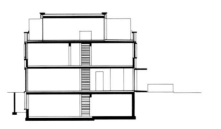

横向剖面图

第四届欧洲建筑师竞赛
优胜作品
阿姆斯特丹 奥斯多普

224
户
每公顷

建筑师	阿伦斯 & 热洛夫建筑事务所
地址	阿姆斯特丹，荷兰
建成时间	2002 年
户数	112
户型数	26
居住人数	275
用地面积	5000 平方米
建筑基底面积	3512 平方米
总建筑面积	12780 平方米
摄影	© 杰罗恩·穆施

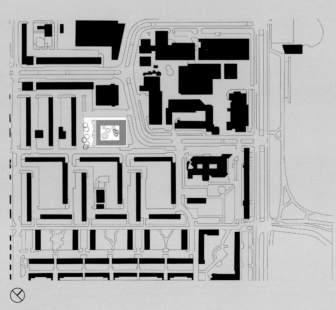

这个项目塑造了现代建造风格中的优秀范例，展现如何在已经城市化的地区进一步增加居住密度的设计手法。建筑师弗罗·阿伦斯（Floor Arons）与阿蒙德·热洛夫（Amoud Gelauff）赢得了 1996 年第四届欧洲建筑师竞赛，获得创造一座新建住宅的机会，该项目坐落在阿姆斯特丹以西的花园城市之中。

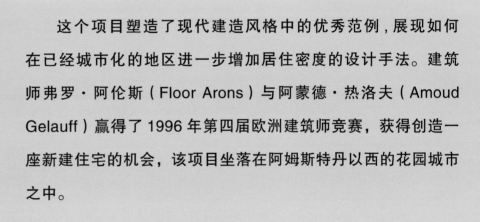

区位平面图

　　这座建筑中的决定性要素是一方作为社区空间的院落，院落西侧宽阔的开放式中庭从 6 米标高俯瞰着下方的公共广场。这片徐徐展开的露台提供了观看公共空间的绝佳视点，将建筑与周边城市肌理联系起来，在居住单元之间建立过渡，并与街道建立起连接关系。因此，这座露台意义非凡，不但定义了建筑与城市的关系，而且通过多级化的空间组织建立起功能格局的分布特征。项目的体量组织简洁明朗，不仅满足形形色色的差异化居家需求，还在建筑首层预留出 1200 平方米的附属商业空间。这座综合体由底层基座与其上方的高架社区共享空间组成，后者以中央庭院的形式布局，其顶部四周围绕着公寓建筑体块，包含多种户型的居住单元。因此，外围公寓伫立在基座之上，而建筑基座的内部功能则包含两层停车库，部分商铺区，一处贮藏空间，及部分被设计师称为越层住宅的居住公寓。

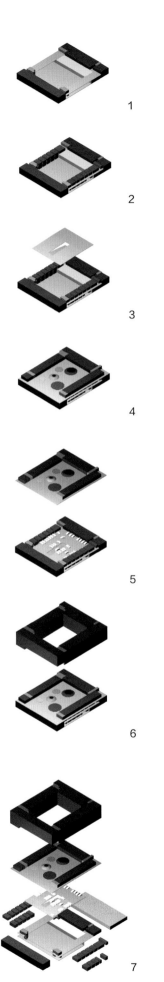

1

2

3

4

5

6

7

轴测示意图

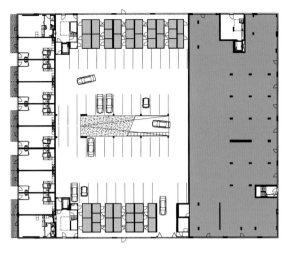

首层平面图

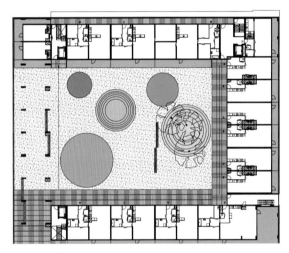

二层平面图

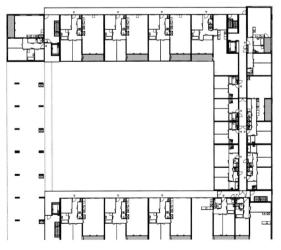

三层平面图

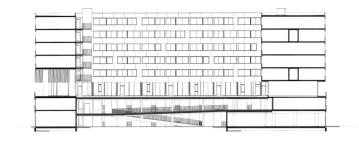

纵向剖面图

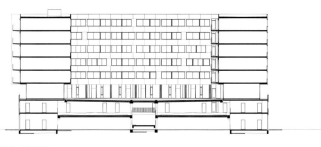

横向剖面图

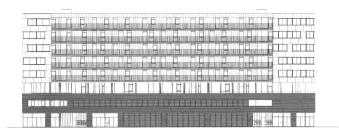

北立面图

东立面图

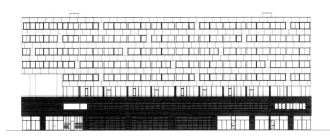

南立面图

西立面图

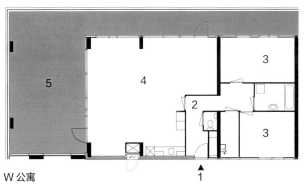

W 公寓　　　　　　　　　　▲
　　　　　　　　　　　　　　1

E 公寓　　　　　　　　　　▲
　　　　　　　　　　　　　　1

1. 入口
2. 门廊
3. 卧室
4. 起居室 – 餐厅
5. 露台

三种公寓平面图

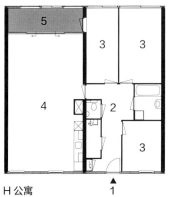

H 公寓　　　　　　　　　　▲
　　　　　　　　　　　　　　1

《 在相对局促的基地中建造 112 户公寓，这项任务的设计条件就意味着新建项目会打破与周边已有建筑的统一性。这座综合体最引以为傲的特征是公共空间与私有区域之间的鱼水关系，这是通过营造中央庭院的手法得以实现的

立面中材料的变化明确区别出建筑的不同部分，基座使用深色墙砖贴面，而上部体量则被白色墙壁与大面积透明区域覆盖。建筑物不仅回应了城市现状条件，而且在公寓单元之间建立起精微的联系，各单元都环绕着一方公共庭院排列。这座综合体重新演绎了蕴藏在奥地利传统院落模式背后的理念，20 世纪前半叶的住宅建筑也曾同样围绕着共享庭院布置。本项目的设计出发点来源于传统手法，将庭院作为公共性节点空间，掷地有声地打造内部空间关系，却又同时能把功能需求梳理得井井有条，保证建筑与现存城市肌理不分彼此、丝丝入扣。设计师深思熟虑，考察特定的城市肌理，以睿智的方式把建筑体量安插在城市空间之中，在两者之间构建起良性交互关系。

居住产品
高密度住宅里的公寓单元

　　当今的城市变得越来越多样化和异质化。五花八门的新生活方式跃跃欲试，崭露头角，人们的习惯与日常行为模式彼此不同，而大家都在寻找迎合自身个性化需求的居住空间。灵活性与可塑性已经成为室内设计的先决条件，设计的终极愿景便是跟上社会变迁的步伐并满足个体差异化诉求。

　　从这个角度分析，大尺度住宅项目采用的一切技术路线都包含着以下的内在矛盾：标准化住宅的兴起本来旨在响应广泛的社会诉求，但必须承认的现实是，并非人人都会接受在同类空间中采用同样的生活方式。一座公寓要么满足特定居住者的需求取向，要么拥有灵活可变的内部功能结构体系。

　　居住单元的重复性是高密度项目之先决条件，但这也形成了新挑战，即标准化与居住者个体生活方式之间的博弈。赋予每户公寓独一无二的风格特征将帮助人们产生归属感，并舒缓拥挤密集的感受。

可塑性与多样性

　　一般说来，大尺度的住宅项目定义了原子化的标准家庭或居住类型，如同勒·柯布西耶创造的模数系统。这种规划组织方式建构了独立且标准化的居住单元，试图以此应对当代社会的普遍需求，尽管这种模式并不尽善尽美，但若让所有人都按照个体计划委托定制自己的寓所则实在是过度乌托邦主义的想法。

　　大尺度项目中可塑性公寓的概念来源于中性空间的观念，即指那些可被不同使用者随意灵活改造的空间。空间可以根据需要而变化，例如勒·柯布西耶的卢舍尔（Locheur）住宅（1929），用于开展日间活动的开放区域在夜间被重新布局，成为供人们睡眠的地方。与此异曲同工的是，空间等级与层次划分的缺失令居住者得以运用可移动隔断，组合或拆分户内不同区域，根据自身需要分配特定使用功能。

可塑性也可以通过简单易行的室内空间重构过程来实现，这种策略鼓励居住者对空间改造升级，令其完美符合自身的需求。密斯·凡·德·罗1927年设计的斯图加特白院公寓（Weissenhof）便运用这种模式，钢结构支撑体系为室内空间布局的调整带来最大程度的可能性，而改造本身并不涉及建筑主体结构的变化。激进而彻底的可塑性理念已经受到人们的质疑，无论如何，如果取消公寓中存在的一切类型的空间层级，会导致正常功能使用所需要素的结构性缺失。

当前住宅需求之中毋庸置疑的多样性特征可以通过产品供给的丰富性来实现，在规模与功能等方面都保证拥有一系列的可选择性。哥本哈根的 VM 住宅综合体（124 页）便是典型范例，建筑由 PLOT 事务所设计（现已分化为 JDS 与 BIG 两个事务所）。这个项目提供了 76 种户型，使得一幢独立的住宅建筑便可满足种类繁多，千差万别的产品需求。

与此殊途同归的是，针对某种特定需求而创造的高度专属性产品也可被视为应对多样性的有效手段，这是因为其指向的目标市场异常精准。类似的情况出现在避难所与收容所设计中，或者那些专供残疾人士使用的建筑，它们均满足特定的需要，因此对设施的要求也非同寻常。位于蒙特利尔的 Y 妇女基金会花园住宅（Les Jardins du Y des Femmes）（102 页）便是典型案例，项目专门面对正在重建自身生活的女性居住者。通过关注人口统计意义上十分特定的人群，建筑提高了城市居住产品供给的多样化水平。

公寓内部的空间演变

一所公寓的内部空间设计需要满足形形色色的功能，但空间并非一成不变，伴随着时光的荏苒流逝，居住者的生活方式也会改弦更张，空间布局也必然会改头换面。曾几何时，起居室是一处被围合的独立处所，完全服务于家庭交往活动，而如今，它逐渐与公寓内部的其他区域相互渗透，成为多功能场所，例如起居室与餐厅或厨房相结合，其显著效果是使得后两者的可视性与重要性节节攀升。电视观影区一度是社交空间中将人们聚集起来的中心性元素，如今却被转移到私人卧室内，这与家庭电脑的布置情形相仿佛。尤其值得注意的是，浴室不再被偏置于房屋一隅，而是被设计成供人们消遣与打发时光的场所。它变得越来越个人化，因此家庭中的不同成员都可能拥有自己独立的洗浴空间。在家上班的工作模式逐步受到推崇，这一潮流也深刻影响到空间布局形式的变迁与革新。生活方式的迅速改变令我们使用公寓的方式也变得与时俱进，这对住宅的场所与空间特性产生了直接的影响。

高密度住宅，社区生活

人居 67 项目（HABITAT 67）由摩西·萨夫迪（Mosihe Safdie）设计，是蒙特利尔世界博览会（1967）的组成部分，建筑重新审视了高密度住宅的课题，把此类项目中常见的组成元素进行了重构。每户公寓都拥有一个开放但同时具有私人专属性质的室外空间（露台），使得每户居民都可以在不同高度、以不同方式享用综合体中自由而闲适的公共空间。每个公寓单元体模块都是独一无二的，因为它在整个体量中的布置是不可复制的，建筑的轮廓线呈现离散状态，内部预留了许多非传统性的尺度异常高大的自由空间（孔洞、通透空间、公共区域等）。这些空间将新鲜空气引入到建筑内部，并给每户公寓赋予个性与可识别特征，有效缓解了拥挤与重复乏味的感受。供人们聚集交流的场所设计得宏伟而开敞，共享空间因此扮演了全新的角色。住宅模块为标准化预制产品，经过组装形成整个综合体，这种建造模式与丰富多样性之间并没有本质矛盾，项目户型从单间公寓到顶层豪华套房应有尽有。

　　如果把高密度住宅看作可栖息的空间，那么关键性问题就在于建筑师的立场与大众生活方式差异性之间产生的张力。对于居住者来说，公寓空间代表着看待世界的方法与思考模式，这些价值观经常与建筑师极力推崇甚至理想化了的居住模式相左，从实践角度讲，使用者通过对住宅进行适应性改造的行为重新定义了场所，并对设计师的初始意图做出了新的阐释。生活空间根据人们的日常习惯或用品摆放而调整——这些因素不可能由建筑师提前预估——每当考虑到人类生活的千差万别与混沌无序，设计便自然而然地失去了纯粹性。密度这一主题对设计师们提出了必须直面的挑战，若他们希望自己的作品能够得到广泛好评，就要考虑到房屋使用者的主导地位与能动性。

蝾螈住宅

110
户
每公顷

建筑师	路斯建筑事务所, DAG建筑事务所
地址	赞丹 , 荷兰
建成时间	2007 年
户数	79
户型数	19
居住人数	150
用地面积	7210 平方米
建筑基底面积	3137 平方米
总建筑面积	10280 平方米
摄影	© 阿拉德·凡·德·胡克

蝾螈住宅地处阿姆斯特丹市市郊一座城镇内，包括 65 套出租公寓和 14 套专为残疾青年设计的公寓。这座建筑在场地中的布局方式颇具智慧，而其与周边城市肌理的关系及处理手法亦显得可圈可点，这些无疑都是项目的闪光点。

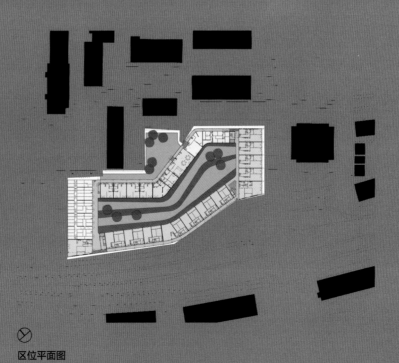

区位平面图

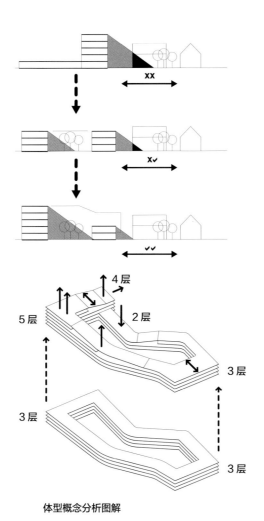

4层

5层

2层

3层

3层

3层

体型概念分析图解

　　蛱蝶住宅完美体现了场地禀赋对建筑设计的深刻影响，更展示
了场地因素对建筑造型构思的决定性作用。在这个项目中，城市肌
理定义了建筑形式、总体布局，以及屋顶的倾斜程度等设计要素。
蛱蝶住宅坐落在几栋半独立农舍式房屋与一组高层住宅楼之间，建
设场地的形态极端不规整。为了避免遮挡农舍式建筑的日照，本项
目的建筑高度不能超过前者，即便这样的限制条件使得设计无法达
到最初预想的公寓户数。建筑师围绕场地周边环形布局体块，并参
照相邻既有建筑的尺度调整各处的建筑高度，完美解决了以上的技
术难题。用设计师自己的话来讲，建筑仿佛"一盘灵蛇逶迤在竹篮
之内"，与周边环境关系堪称水乳交融，天衣无缝。更加令人啧啧
称奇的是，建筑之多变形态与屋面之倾斜令内部公寓获得了极大的
多样性——其中一些拥有宽敞气派、两层通高的室外阳台，另一些
则附带私家屋顶露台——同时也使得外部立面丰富多变，杜绝呆板
均质的视觉效果。

　　建筑内部的空间布置与流线强调了沿外墙延伸的公共走廊。由于项目紧邻一条车水马龙的繁华街道，因此设计师有意将公寓朝向内部公共庭院，而把交通辅助元素与建筑外立面贴临。内部庭院包含一座共享花园，周边建筑拥有流畅优雅的曲线形态，其表皮装饰原料主要为木材，因此环境气氛温馨静谧、沁人心脾，而场地东侧亦开辟有成片绿地，专供残障人士公寓享用。硕大的倾斜屋面上覆盖着一层绿油油的地衣苔藓植物，不仅起到节能作用，而且对于竖向位置较高的公寓单元来说，还优化了居住者的景观视觉美感。在建筑外部，钢筋混凝土结构被深色装饰面砖覆盖，材料表面肌理凹凸有致，形成独具一格的外观效果，大大缓和了坚固封闭的建筑形象特征。内走廊墙面则使用黄绿色涂料，色彩经窗洞渗透出来，创造了特色鲜明的影像感受，同时似乎隐喻项目名称的灵感源泉（即蝾螈身上的花斑。——译者注）。

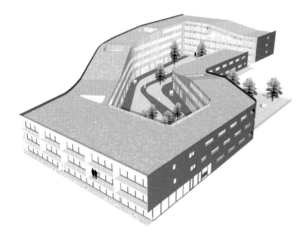

综合体透视图

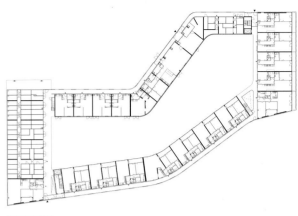

首层平面图

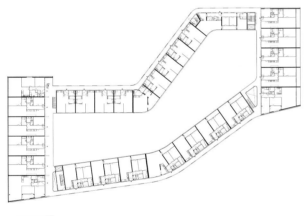

一层平面图

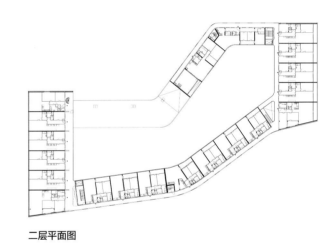

二层平面图

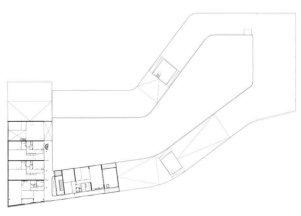

三层平面图

四层平面图

《《
灰色面砖立面与黄绿色走廊的并置彰显出建筑师贯穿整个项目的设计意图——黑暗与光明的对比，开放与封闭的博弈，光滑与粗糙的对垒

《
建筑体块的端头部分打破了延续整个立面的贴砖效果，这里的公寓充分利用建筑南北向布局的天然优势，设置了室外活动露台

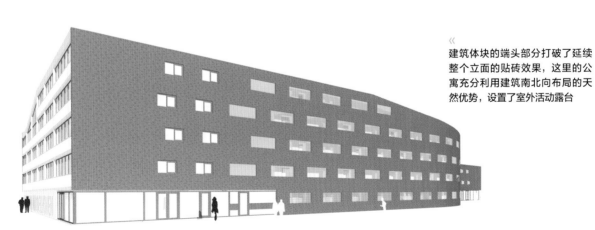

西北向立面图

西南向立面图

东立面图

《

室内空间的丰富性在外部亦有所体现，从室外不同的位置观察，建筑的形态变化多端，因此如果希望完整地欣赏本设计，人们有必要环顾建筑一周，方可获得多维度的全面认知

东北向立面图

 联合住宅二期

566
户
每公顷

建筑师	大城市建筑事务所
地址	蒙特利尔，加拿大
建成时间	2006 年
户数	92
户型数	5
居住人数	150
用地面积	1623 平方米
建筑基底面积	1050 平方米
总建筑面积	13425 平方米
摄影	© 阿兰·拉福里斯特

这个地产开发项目的设计自始至终都在秉持与追逐着同一个目标，即在居住单元内部创造出半公共性的、双层高度的建筑空间。联合住宅二期坐落在蒙特利尔市中心的报业山，这里以前曾是报业与印刷业的繁荣之地，现在则是商贾辐辏的城市建成区域。这座综合体建筑包括多种多样的居住类型，包括半独立式公寓、宽敞明亮的 Loft、复式公寓和配有露台的阁楼等，应有尽有。

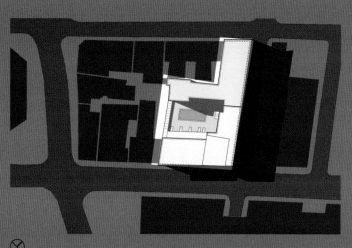

区位平面图
蒙特利尔，加拿大

二层平面图

三层平面图

十一层平面图

1. 办公室
2. 会议室
3. 健身房
4. 半独立式公寓
5. Loft
6. 复式公寓
7. 普通公寓
8. 阁楼

《
内侧立面中的交通走廊拥有双重
作用：在平时的常规情形下，它们
主要作为每户住宅的私家露台使
用，但在紧急情况下，它们则充
当了必要的消防通道，供居住者
逃生

联合住宅二期的建筑平面呈现 L 形，恰恰填充了所在街区的空白位置，并且使得两个主要建筑立面分别朝向两条不同的街道。南立面檐口高度与旁边的联合大厦高度基本相仿，那座旧建筑属于历史遗产保护范围，它的名称也被沿用到新综合体项目之中。南立面的首层还布置有商铺，外部形象完美呼应了历史建筑基座中采用的灰色石材。双层通高的住宅单元散布在 14 个自然层的各个地方，在立面中创造出交错有序的构图韵律，有效缓和了新旧建筑层高不一致带来的视觉矛盾。西立面的高度低两个自然层，因此使得建筑顶部的住宅单元全都沐浴在阳光下，拥有良好的自然光照条件。主要立面的构图形式反映了建筑内部的功能布局：每个居住单元对应一整片玻璃外墙，而有节奏间隔布置的砖墙元素则标示出室内壁炉与烟囱的位置。

伴随着竖向高度的增加，各楼层公寓的位置交替布置，因此外立面的构图纵横交错。

》 联合住宅二期的主要建筑立面被
设计师刻画成一块银幕，形象地
使人联想起这片城市区域中曾经
辉煌一时的产业

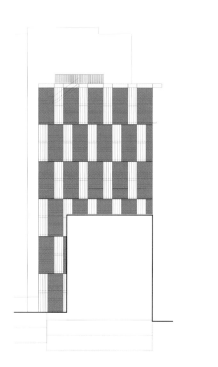

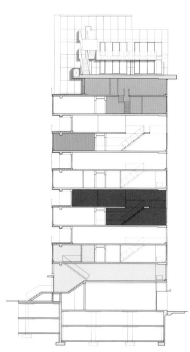

建筑侧立面图　　　　　　　　建筑横向剖面图

» 朝向内部庭院的立面处理采用完全不同的材料与装饰面层；金属铝材被广泛使用在各个位置，起到了元素整合的作用：具体包括阳台栏杆扶手，立面外墙板，以及窗框型材等

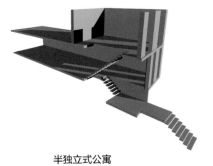

半独立式公寓

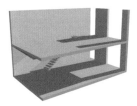

Loft

复式公寓

普通公寓

阁楼

住宅 3D 模型

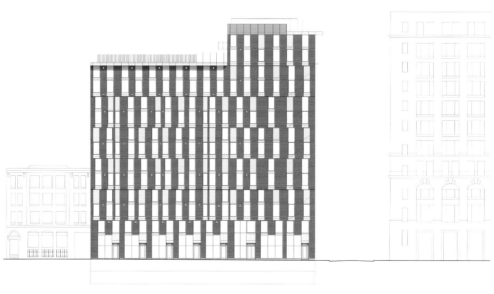

建筑正立面图

本项目的一个根本性挑战就是如何在不占用过多功能空间或增加大量疏散楼梯的前提下有效组织人员安全疏散系统。实施方案体现了经济节约的原则，保留了建造双层高度空间居住单元的可能性，也令公寓拥有良好的室内空气自然通风条件

设计师赋予建筑卓尔不群的属性特征，充分考量内部空间与外部空间的过渡与交互作用，以及半公共开放空间与城市街道的相互关系等问题。这一思考途径酝酿出跃层通高室内空间的基本设计理念：无论在朝向内部僻静庭院的一侧，还是面对车水马龙的公共街道一侧，建筑都运用了类似的空间设计手法。内部庭院把联合住宅二期与保留历史建筑联合大厦相互联系起来。联合大厦首层的商业与酒吧是不可忽视的功能元素，因为它们是庭院中人们沟通和进行社会交往的纽带，在白天时段，庭院仍对公众开放。这座综合体总共容纳了92户住宅，其中有89户公寓的内部设有局部2层通高的空间，因此提升加强了室内对流通风效果，并且改善了建筑内外两侧的自然采光条件。公寓的主卧室面向内部的半公共庭院布置，在夜间可以享受到宁静安详的环境气氛。

Y 妇女基金会花园住宅

419

户
每公顷

建筑师	**大城市建筑事务所**
地址	**蒙特利尔,加拿大**
建成时间	**2005 年**
户数	**23**
户型数	**2**
居住人数	**23**
用地面积	**548 平方米**
建筑基底面积	**340 平方米**
总建筑面积	**1410 平方米**
摄影	© **大城市建筑事务所,皮埃尔·哈尔迈**

Y 妇女基金会花园住宅,地处蒙特利尔市中心区,专门服务于那些正在努力重新融入社会生活的妇女们。建筑关注特定的居住人群,因此具有较鲜明的建造特征,它不仅为业主们提供生活必需的私密空间,而且十分注重鼓励和促进社区成员之间的交往。

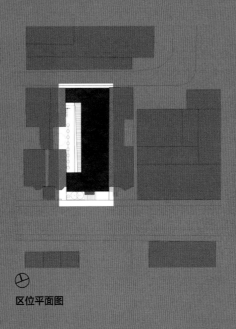

区位平面图

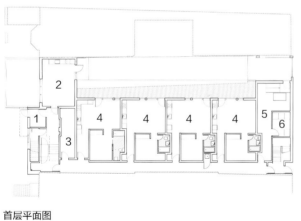

1. 入口
2. 多功能厅
3. 办公室
4. 公寓
5. 水箱间
6. 洗衣房

首层平面图

纵向剖面图   横向剖面图

《本项目的建造需要拆除场地中的旧有房屋，新建筑建成后，唯一能够查找到的历史遗迹便是在一堵公共墙面上密密麻麻的彩色涂鸦，它们诉说着场地的过往古今

《《建筑所在的建造场地显得十分逼仄，这里是历史悠久的城市建成区，公寓的户型面积 48 平方米左右，均有独立阳台，它们俯瞰中央庭院，业主们的生活环境友好安逸，享受着健康向上的社会交往氛围

加拿大非营利组织 Y 妇女基金会（蒙特利尔 YWCA 组织）负责管理这座花园住宅，项目的投资很多来自于目前居住其中的女性业主。建筑的造型简洁明快，与相邻的建筑物遥相呼应，外部沿街立面主要由大片完整的灰色砖墙和规则布置的竖向条窗组成，墙面中散布运用了几种基本纯色，整体几何构图显得低调而稳重。与简洁质朴的外侧立面相比，朝向内部庭院的内侧立面则采用光彩艳丽的纯绿色装饰（这种颜色被用来标识建筑中所有的公共共享空间）。建筑的规划布局围绕这片狭长的院落展开，庭院的对侧借用相邻建筑的一堵院墙，最大程度利用了窄小建造场地的规划条件——同时也把旁侧地块中郁郁葱葱的院落景观引入进来。

每个公寓单元都配有自己的私有阳台，它们排列有序，环绕着开放空间布局，沐浴在自然光之中，具备良好的通风条件。每户公寓之间通过公共走廊连接，走廊利用了场地另外一侧的公共墙体，不仅引导内部人流，而且把设在建筑两端的楼梯间相互联系了起来。

除了公寓功能以外，建筑还包括形形色色的公共空间，例如共享休息厅，一个洗衣房和一间办公室，它们提供给业主从事各类活动的专属性空间，促进了居住者之间的情谊与归属感。

艾瑟尔堡 23 街区
B1 号楼

038
户
每公顷

建筑师	迪克·凡·哈默伦建筑事务所
地址	阿姆斯特丹，荷兰
建成时间	2005 年
户数	78
户型数	5
居住人数	250
用地面积	20352 平方米
建筑基底面积	3408 平方米
总建筑面积	17570 平方米

摄影 © 克里斯蒂安·里希特斯

　　艾瑟尔堡 23 街区 B1 号楼包含 26 户半独立式住宅，52 户高层公寓，一个购物区和一座停车场。从设计概念的角度讲，完整的建筑体量被切割或局部挖空，并形成与实体相对的空间，这一理念通过立面中两种不同颜色面砖之间的对比得以传达和强调出来。

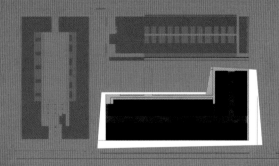

区位平面图

项目的边界设计条件自始至终一直受到上位城市规划的严格控制，但恰恰是这种限制激发了创新性的布局方式，使得建筑演化成为一座微缩城市

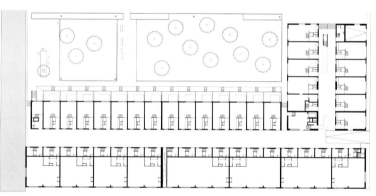

首层平面图

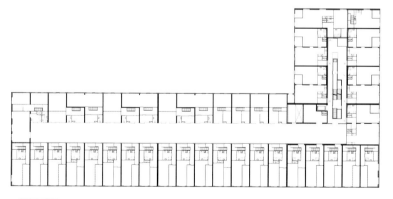

二层平面图

　　艾瑟尔堡是位于阿姆斯特丹以东 IJ 湖上的一片新建居住区。目前，这片新区包括 7 个正在施工的人工岛屿和另外 3 个尚在规划阶段的岛屿。一旦新住区竣工并投入使用，它将容纳 18000 户居民，并配套有办公、商业、学校、绿地等设施，甚至还包括一座墓地。Haveneiland 是第一座被建造的人工岛，它的规划方案由弗里茨·凡·东恩（Frits van Dongen），费利克斯·克劳斯（Felix Claus）和托恩·沙普（Ton Schaap）负责起草，采用正交方格网划分街区的基本形制，每个地块均有自己唯一的编号，希望能形成建造风格多样、居住类型丰富的城市区域。城市规划同时预先定位了每个街区中单体建筑的轮廓边界条件与基本布局。这些苛刻的限制并未阻止迪克·凡·哈默伦建筑事务所接受这项颇具挑战性的任务，为人工岛的 23 号街区设计一座住宅综合体。街区被一条人工水道一分为二，内部共有三座独立的建筑物，它们围绕着中央的小型公共绿地，每座建筑分别有 3~8 层高。

外墙上不同类型的饰面砖相互间产生了有趣的几何关系,并且突出了多样性与差异化的基本设计理念

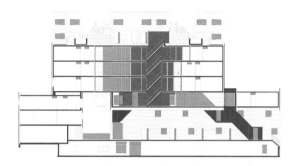

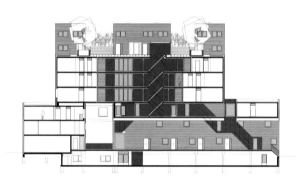

横向剖面图

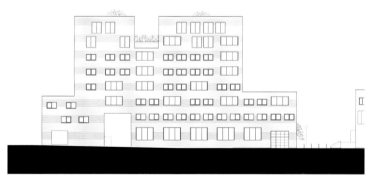

东立面图

南立面图

1. 入口
2. 入口门厅
3. 卧室
4. 起居室
5. 储藏间
6. 阳台

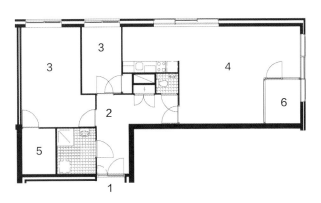

F6 层公寓平面图，86 平方米

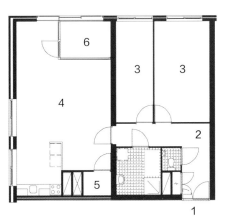

F1 层公寓平面图，85 平方米

23 街区 B1 楼占用整个街区的三分之一用地，建筑呈 L 形，怀抱着中心绿地。项目的规模与基本属性使得建筑师必须充分发掘设计潜力，以获得更多的有效使用空间，为了优化布局安排，一条内部走道纵向延伸并贯穿整个体量，把建筑的各区域有机联系起来。建筑分为两个部分，它们被一组楼梯相互连接在一起：一部分是 3 层高的半独立式住宅，它们朝向街区内部公共绿地或建筑内部走道，另一部分则是高层住宅。内部走道的空间形态伴随两侧公寓类型的变化而有所不同：底部的走道有顶盖，通向复式公寓，二～五层的走道是通往普通公寓的交通连廊形态。而在六层，屋顶花园则同时作为人行步道，连接建筑顶部的各户复式住宅。

广场公寓

1360

户
每公顷

建筑师	莱迪·梅塔姆·斯塔西建筑事务所，波莱特·塔加特建筑事务所
地址	旧金山，加利福尼亚州，美国
建成时间	2006 年
户数	106
户型数	1
居住人数	106
用地面积	780.40 平方米
建筑基底面积	629 平方米
总建筑面积	5277 平方米
摄影	© 蒂姆·格里菲斯

广场公寓是一座社区建筑，主要为那些生活在破产边缘的无家可归者而建造，以提升他们的生活质量。这个项目包括 106 户公寓，户均面积 28 平方米，还拥有公共共享空间，配套服务设施和会议室等，此外，建筑还设有底层商铺、小剧场，以及一座位于大楼侧面且通向城市街道的附属院落。

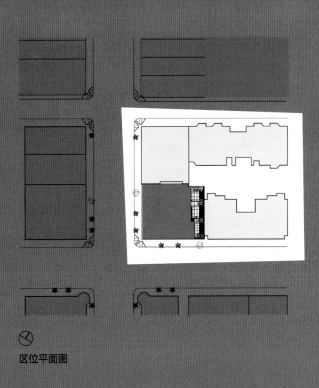

区位平面图

　　这座建筑位于第六大街和霍华德大街交汇路口的街角一隅，由莱迪·梅塔姆·斯塔西和波莱特·塔加特建筑事务所合作设计，它为这片旧金山最为衰败的区域注入了新活力。广场公寓由负责城市更新的政府机构推动开发，取代了原有的一座年久失修的旅馆建筑，为无家可归者提供了舒适惬意的生活场所。新项目的外形为 25 米 × 25 米 ×25 米的立方体，立面采用露明的混凝土结构构件，结合多种明暗度的黄色、红色与棕色胶合板组合而成。每户住宅都可视为一个独立单元，自身拥有完整的外墙装饰板与外窗体系。外立面的均质性被两条 1.5 米宽的竖向条带造型打断，具有较强的视觉冲击力，并且让建筑的内走廊拥有良好的自然采光与通风条件。

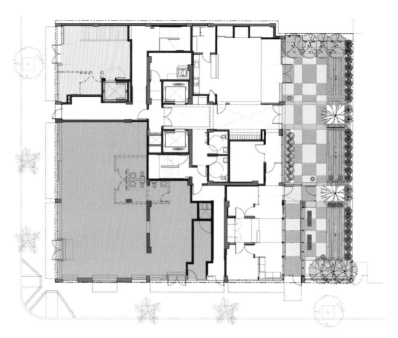

首层平面图

标准层平面图

九层平面图

　　布置在建筑首层的功能空间包括会议室，双层高的入口门厅，社区剧场，以及社会服务中心，而一层则容纳办公室，主要供社工、护士、医生等社区工作人员使用。建筑的其余部分每层设有 17 户小型公寓，它们围绕中心的竖向交通核布局。在靠近顶部的九楼，还设置了一处公共洗衣间，和一方开敞平台，呼应了首层的室外院落。室内设计试图传达温暖如春的环境气氛，激发居住者相互间的沟通与交流。所有房间都有充足迷人的阳光和广阔的视野。业主希望为公共住宅的建设树立新的环境标准，而建筑师接受挑战迎难而上，在有限的预算条件下，提出了令人刮目相看的方案理念构思。可持续策略体现在项目的方方面面，其实际效能在整个建筑中处处可见，从结构体系到装修材料，从屋顶太阳能板到水处理系统，还包括重复利用的钢材与其他废旧回收再利用材料。

《《
可持续性是项目考虑的先决性因素之一：建造工作自始至终秉持提高能源效率的标准与措施，二次回收材料被广泛应用

东南立面图

东北立面图

西南立面图

VM 住宅

283
户
每公顷

建筑师	Plot 建筑事务所（BIG 建筑事务所 +JDS 建筑事务所）
地址	哥本哈根，丹麦
建成时间	2005 年
户数	230
户型数	76
居住人数	920
用地面积	8100 平方米
建筑基底面积	3556 平方米
总建筑面积	25000 平方米
摄影	© 尼古拉·马勒，格特·施格隆德·安德森，贾斯珀·卡尔伯格，约翰·福林，托拜厄斯·托伊贝尔

　　这个项目 2005 年建成，提供了 230 个住宅单元，而为了满足人们与日俱增的个性化居家需求，公寓设计户型竟多达 80 种之多。已经解散的丹麦 plot 事务所——现在拆分为 big 与 jds 两家工作室——为大尺度住宅设计创造出革新性的策略，保证每个公寓都拥有最适宜的生活环境，并以此为工作基本框架，提出了一系列措施与选择。

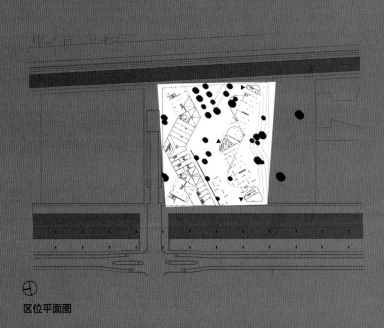

区位平面图

M栋的西侧立面构图展示了材料的交替变换与虚实对比，铝板与开敞阳台、玻璃幕墙等多种元素交织排布

V形建筑与M形建筑分别有一个和两个体型转折点。这使得公寓内部的景观视线可以在相互间成角度的方向上分别延伸，同时又能保证居住的私密性

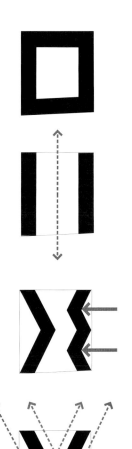

布局示意图解

建筑位于哥本哈根市郊奥雷斯塔德地区的一条运河河畔，场地布局形式非同一般。为了最大程度提升公寓的品质与价值，两个互相平行的规则体块被弯折变形，分别创造出了V形和M形的独立建筑。这种手法独辟蹊径，成功为公寓单元争取到最佳的自然光照，和舒朗开阔的景观视线，同时也成为项目命名的来源和依据。建筑体量的勾画不循常理，意味着公寓单元之间不会互相平行，避免直接对视的尴尬，视线将会交错倾斜，周边景观环境便可尽收眼底。建筑每3层安排内部交通系统，公寓围绕在其周围布置，设计灵感来自勒·柯布西耶的马赛公寓（1953），这种设计模式大幅提高了空间多样性与可能性。越层手法被广泛使用，在自然楼层之间建立起竖向联系，因此每户公寓内部都拥有令人耳目一新的场所空间。

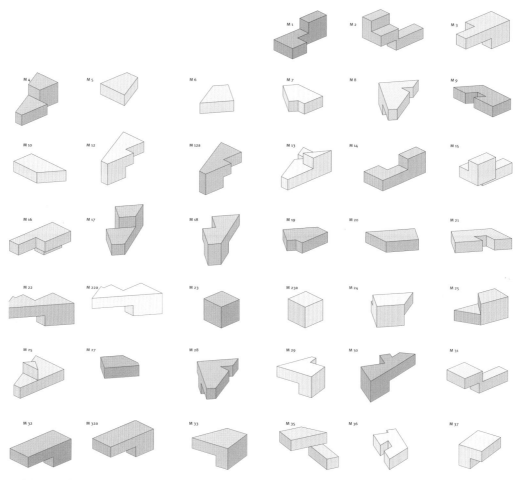

M 1 M 2 M 3

M 4 M 5 M 6 M 7 M 8 M 9

M 10 M 12 M 12a M 13 M 14 M 15

M 16 M 17 M 18 M 19 M 20 M 21

M 22 M 22a M 23 M 23a M 24 M 25

M 25 M 27 M 28 M 29 M 30 M 31

M 32 M 32a M 33 M 35 M 36 M 37

公寓类型，M 栋

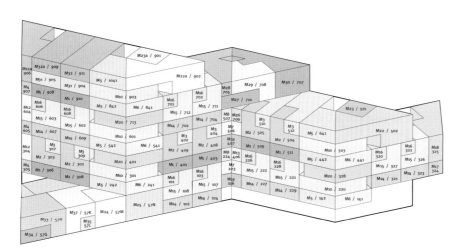

轴测图，M 栋

横向剖面图，M 栋

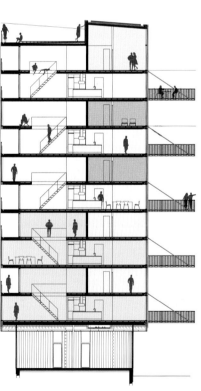

横向剖面图，V 栋

M 栋的外表皮使用装饰铝板覆盖。在首层墙面上，花瓷砖拼合成霍普夫纳先生的肖像壁画，他是本项目开发的负责人

M 栋的每条室内交通走廊都被饰以特有的颜色，其效果从建筑外部便清晰可见。这种设计策略使得每个楼层都拥有与众不同的性格特征和可识别性

　　为了满足居住者五花八门的生活方式偏好要求，公寓的户型别出心裁，全都经过设计师的精挑细琢。值得注意的是，建筑师把私有室外空间（指阳台——译者注）作为立面构图的基本组成元素，并将它们随机布置，创造出表面上的视觉无序效果。当然，建筑师对项目的外观与整体效果同样十分关切，大胆运用墙壁装饰画，突破传统的色彩体系，并且采用原创性的照明方案（在内部交通元素中便可见一斑）。实事求是地说，这个项目中运用的创新手法大大拓展了人们对现代社会中集合住宅的角色认知，住宅的形制在永不停歇的变化，而其混杂性与多样性与日俱增。

与传统高层住宅的室内典型布局不同，VM 公寓选择了一种类似 Loft 的空间组织模式。业主可以根据自身对居所室内高度与面宽需求，在灵活多变的户型中寻找满意的产品

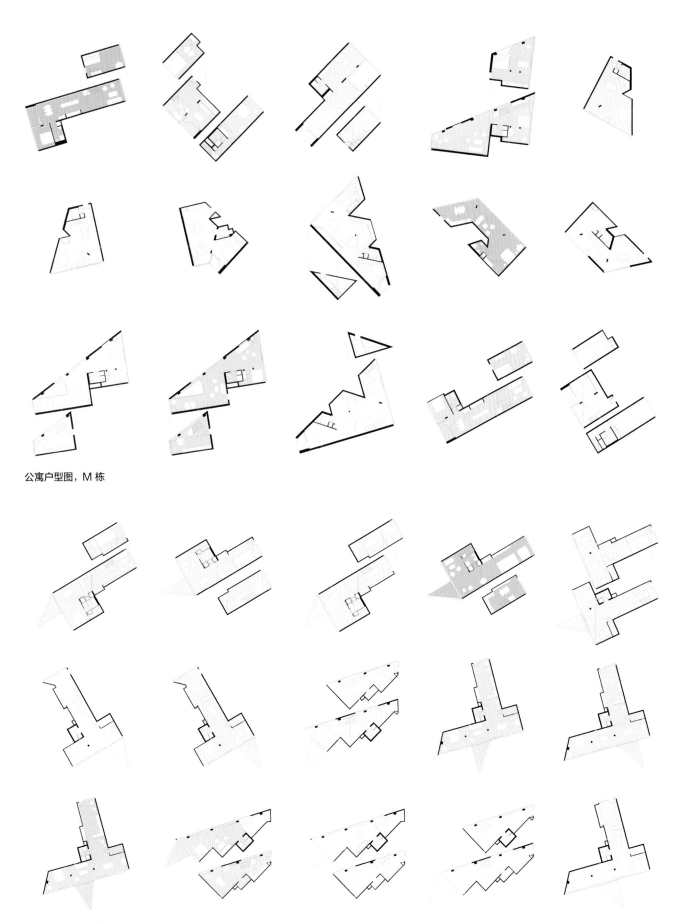

公寓户型图，M 栋

公寓户型图，V 栋

表皮

高密度住宅的外围护层

如果我们把一座建筑物看成是人的身体，那么就可以把它内部的空间当作人的内脏器官，结构元素则是人的骨骼，而建筑立面便是覆盖着内部组织的皮肤。在人类身体的基本构造中，外表皮起到容纳和保护作用，同时又作为内部与外部物质交换的媒介。因此，一座建筑内发生的各类行为活动会与其外立面的具体构成方式密切相关，表皮扮演着容器的角色，也明确划分出内与外的空间界限。最后，表皮的防御功能意味着将内部居住空间与外部自然环境、风霜雪雨，及公共性社会活动有效隔离开来。

建筑表皮如同人的皮肤一样，是内部与外部的交汇点，通过这一设计元素，项目得以与周边环境肌理建立起交互关系。人们对表皮的关注度正在提高，日趋将立面系统与结构体系分离看待，因此表皮逐渐被人们当作建筑学中值得研究的课题。窗户、百叶、阳台，及其他立面要素使公共性与私密性之间得以建立融洽和谐的相互联系，同时也表达出设计的创作特色，是传达项目独特形象的有效手段。虽然表皮对建筑形成了整体全覆盖，但其立意并非只能局限于畏首畏尾的平面设计模式，完全可以充当建筑与周边空间背景之间的沟通桥梁。

本章列举了一些近期竣工的项目，集中讨论了关于"表皮"的专题，但实际上建筑师自古以来从未停止思考如何设计建筑的外围护层。现代主义运动一直试图取缔建筑中的纯装饰元素，其立场是实用主义的，宣称一个立面必须是一系列必要建筑功能综合作用的结果，也要成为建筑支撑结构体系的组成部分。当立面与功能或结构完全失去相关性，它就演化为能够隐藏甚至歪曲结构逻辑的元素，那么也就失去了如实反映建筑内部情况的能力。

克洛泰与帕里西奥联合事务所（Clotet i Paricio Associats，138页）设计了达尔哥诺·玛地区的一个住宅项目，建筑强调立面体系与起居空间的分离，在室内与室外之间创建了一个过渡性区域，由3米宽的连续悬挑露台组成（与外部地中海气候相呼应，同时安装可移动的活动遮阳百叶系统，可根据日照情况灵活调整）。在这个项目中，表皮设计理念与构思并不拘泥在提供建筑外围护这个单一诉求，而是拓展到创造室内外之间可栖居的过渡性空间。

打个比方说，既然立面作为独立元素拥有很大的设计自由度，而其作为建筑表皮又有极端的重要性，这就促使人们将立面的创作比拟为绘画中的绢本设色，建筑师仿佛用画笔把希望传达的艺术特质与项目形象在表皮中栩栩如生描绘出来。丝织物与建筑立面的类比令人回想起戈特弗里德·森珀（Gottfried Semper）的名言，他认为"外墙的原型是围毯和挂席，它使人们免受严寒之苦"。二者的相关性不仅来源于共同的保护作用因素，而且在形象创作方面亦有触类旁通之感。织物表现出的丰富肌理、图案、色彩、形式等，与坂茂（Shigeru Ban）设计的东京幕墙宅（1995）外观效果异曲同工。这个项目在建筑外围包裹了硕大的活动幕布，借此定义出室内外之间的边界。

与时装界的情形类似，建筑外观的塑造主要依靠材料的选取、丝网印刷技术、肌理与装饰完成面层的选择等手段来实现，因此，其引人入胜的地方不仅在于提供满足业主特定需求的住宅产品，而且还能时时彰显出使用者自身的性格特征（仿佛他们的衣着装束）。从这个角度来讲·阿道夫·路斯（Adolf Loos）在《装饰与罪恶》（1908）中摒弃了没有功能意义的纯装饰——这本书是一部里程碑式的经典著作，奠定了 20 世纪现代主义运动的理论基石——同时却重申了建筑与服饰的可比性，认为外观应当被作为中性元素，它不应带有人为捏造的属性或有意去隐藏某些事物，而应当被理解为直接而透彻反映人的纯粹性之元素。

建筑师赫尔佐格与德梅隆（Herzog & de Meuron）已经探究了把表皮作为设计决定性因素的可能性。他们设计的巴黎斯威塞住宅（Rue des Suisses in Paris，2001）虽然立面朴实无华，但却令居住者在建筑形象的构建中扮演了积极主动的角色。表皮中采用帷幕百叶与可折叠的元素，可根据业主的使用需求而灵活变换。

立面的形象掩盖了大规模高密度综合体中暗含的纪念性，建筑表皮拥有发展成为符号地标的潜力。纽约时报广场（Times Square）周边的摩天楼上悬挂了海量的令人目眩的广告牌，正是这种需求模式，使得建筑成为信息交流的界面与一种特定生活方式的象征。信息传达的强烈需求容易陷入平庸乏味的深渊，正因为如此，表皮的设计不应追逐那些随瞬即逝的时尚风格，而必须树立功能性与持久性的理念，超越其初创时刻的种种樊篱，不向纯装饰主义的错误倾向屈服。

利亚德拉鲁姆公寓

290
户
每公顷

建筑师	克洛泰与帕里西奥联合事务所
地址	巴塞罗那，西班牙
建成时间	2005 年
户数	230
户型数	28
居住人数	1373
用地面积	7914 平方米
建筑基底面积	2367 平方米
总建筑面积	32940 平方米
摄影	© 路易斯·卡萨尔斯

　　这座住宅综合体拥有 230 户公寓，由路易斯·克洛泰·巴拉斯与伊格纳西奥·帕里西奥的建筑事务所设计，是目前巴塞罗那市最具雄心壮志的城市发展计划的组成部分——人们希望将城市中最重要的一条道路，对角线大道延伸至地中海海滨。

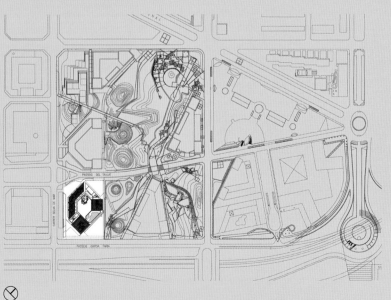

区位平面图

这座建筑最引人注目的特征之一便是立面中的连续凹廊造型，这种设计手法不仅起到了弱化体量感的作用，而且还创造出一系列宽敞豁达的露台空间，可供多套公寓共享使用

《
利亚德拉鲁姆公寓与一座新的城
市公园比邻，同时又面朝地中海，
享受着融融暖阳与徐徐海风的福
泽。项目的设计受到上位城市规
划的严格控制，在总体布局原则、
建筑体量、总体高度等方面均有
相关指标要求

建筑师的工作受到城市规划导则条条框框的制约，决定把项目细分成三个独立的建筑：两座高层塔楼和一座沿街长向布置的五层板楼，塔楼的占地面积已然达到了最大允许值，而其高度亦达上限，一座 26 层高，另一座 18 层高。通过最大限度地利用建设条件，塔楼的形象与规模尺度显得井然有序，功能布局理性高效，住宅产品的类型更加品类齐全，丰富多彩。建筑平面的各功能区围绕着竖向交通核呈同心圆环形布置。其中的居住功能环约 8 米宽，内部空间连续流畅，不被任何结构柱或建筑设施打断。与这个圈层背靠背的是向外侧伸展的 3 米宽的环形公寓露台，它在为业主提供活动空间的同时还满足建筑遮阳需求。

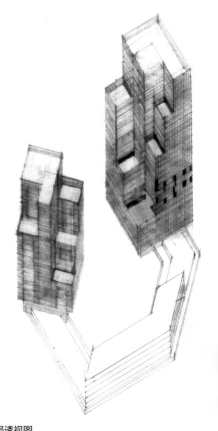

全局透视图

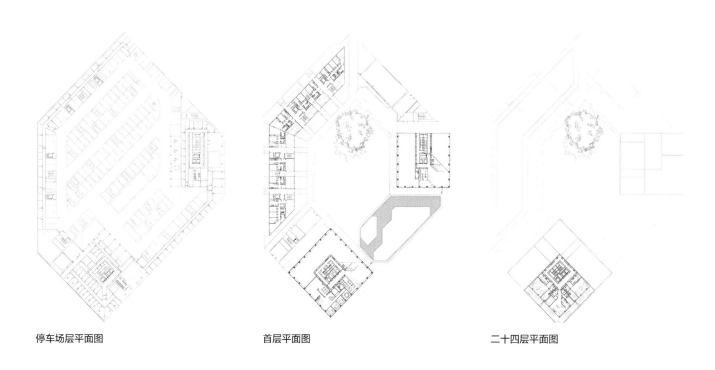

停车场层平面图   首层平面图   二十四层平面图

建筑外围的露台空间是室内外空间的过渡元素，它为业主们提供活动区域，并提升了内部公寓的品质。所有的卧室都与这个空间直接联系，这里既足够开敞又不乏必要的遮阳设施，在夏季完全可以成为人们主要的起居空间。这些露台空间均设置了可活动的铝遮阳百叶，令建筑外表皮呈现出碎片化的构图特征，有百叶遮挡的空间与没有百叶遮挡的空间相互间随机交替排布，立面形象错落有致、灵动多变。项目的三个独立体量都运用了完全类似的设计手法，因此从较远的距离观察，建筑形式显得无拘无束，飘逸零落，但若近观玩味，却又显得简洁紧凑，细密致臻。城市规划导则的约束与明确清晰的功能性原则共同决定了项目的定位与具体布局。尽管各种限制条件较为苛刻，建筑师却仍然提出了富于创新精神的构思理念，表皮的处理手法与室内外之间过渡性场所的塑造是实现设计意图的有效手段，建筑表皮在表达综合体性格特征方面扮演了不可或缺的角色。

建筑表皮包括一套铝百叶系统，百叶安装在滑轨上，并沿建筑周围环形布置，每名居住者可以根据自身需求调节或改变室外空间形态

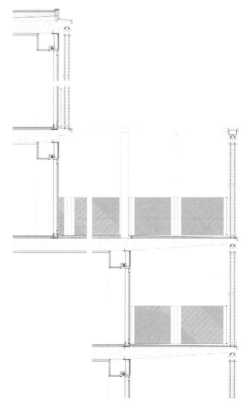

立面建造节点

东立面图

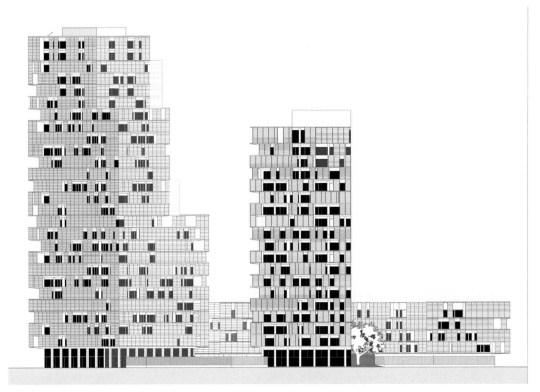

东北立面图

16 号街区公寓

297

户
每公顷

建筑师	雷内·凡·祖克建筑事务所
地址	阿尔梅勒，荷兰
建成时间	2004 年
户数	49
户型数	6
居住人数	177
用地面积	1650 平方米
建筑基底面积	1650 平方米
总建筑面积	8740 平方米

摄影 © 克里斯蒂安·里希特斯

16 号街区公寓是阿尔梅勒市中心全新发展计划的有机组成部分，这项计划由雷姆·库哈斯／大都会建筑事务所总体负责，距离阿姆斯特丹 35 公里。本建筑由雷内·凡·祖克工作室设计，包含 49 户公寓、一座健身房和一座咖啡厅。项目的建造体系推陈出新，标准化的结构单元组合而成建筑的基本形式，也决定了其内部布局与外部视觉形象。

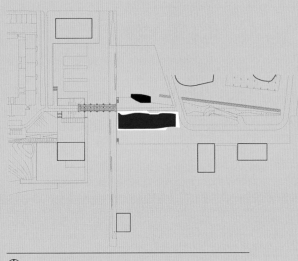

区位平面图

　　阿尔梅勒是荷兰的新兴城市之一，20 世纪 70 年代，它在填海造陆而形成的土地上被逐步建造起来。16 号街区公寓地处威尔沃特湾(Weerwater Bay)沿岸一处具有战略性意义的重要节点位置，从城市的多个不同地点观察均可见到。项目坐落在一座地下停车场之上，停车场由大都会事务所负责设计，它也成为整个建筑物的基座。首层空间包括主要入口、杂物间、设备用房和一座部分延伸到地下车库层的健身房，而咖啡厅则位于健身房的另一端头，它自成一体，是一座玻璃凉亭式建筑。在项目设计过程中，工程师充分研究和借鉴了隧道施工中的模板技术。这种建造系统一般应用于市政工程，水平结构板与垂直墙体在同一时间内施工，因此能节约时间成本，且造价更加低廉。实现这种技术的基本要求是工程采用的部件规格与尺度均为标准化常量，由此搭建出的混凝土框架便能形成规则有序的体系。

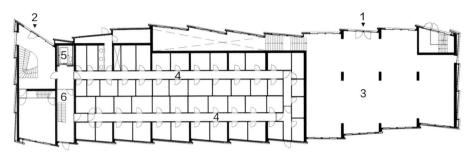

首层平面图

1. 机动车入口
2. 人行入口
3. 停车库
4. 储藏室区域
5. 电梯
6. 疏散楼梯
7. 公寓

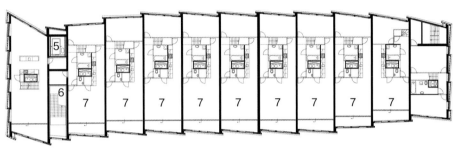

一层平面图

五层平面图

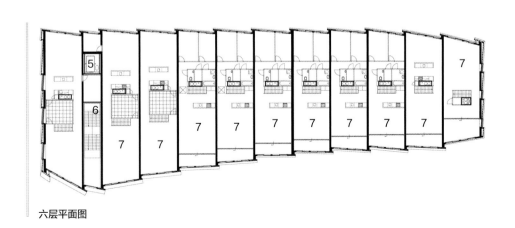

六层平面图

在 16 号街区公寓实践中，相邻"隧道结构单元的长度"（即
每户公寓单元的进深。——译者注）有微小差异，这是设计师有意
而为的，目的是打破建筑重复划一、单调乏味的感受。这种超常规
建造体系的运用稍稍提高了项目预算，但施工效果与质量却获得大
幅度提升，因此完全可以补偿额外付出的成本代价。建筑只设置了
两条人员疏散走廊，分别位于二层和五层。有效使用空间得到了最
大程度的拓宽与利用，而公寓的户型设计也获得了一定的灵活性。
大多数的公寓是复式住宅，沿着朝南的主立面，它们全部拥有舒适
惬意的日间起居空间。公共楼梯间布置在一个 7 层通高的天井中，
那里是建筑开间最为狭窄的地方；其功能的特殊性在外立面中也得
到相应体现，表皮覆盖金属板的规格有所减小。

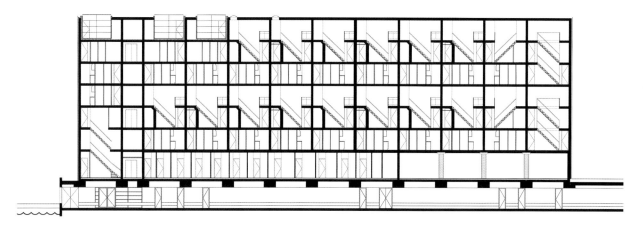

纵向剖面图

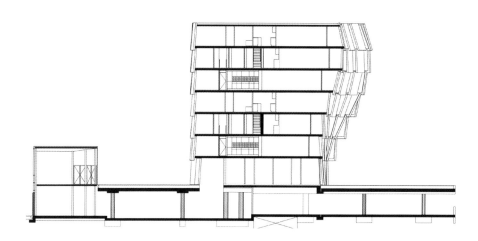

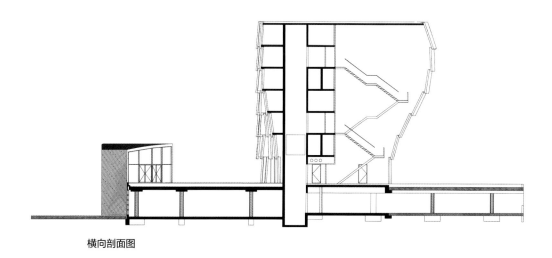

横向剖面图

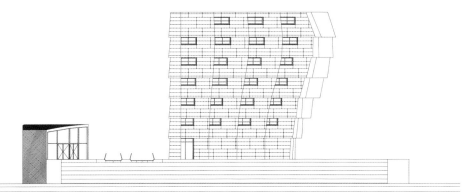

西立面图

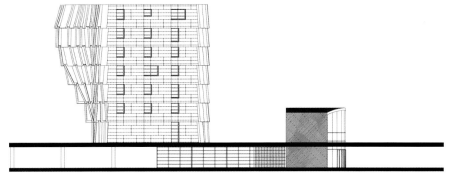

东立面图

《
建筑疏散走廊的室内效果延续和
呼应了外立面赏心悦目的活跃气
质，错动的结构构件鳞次栉比，空
间曲直有度、富于变换。而涂刷
在墙面上的亮丽色彩则进一步强
化了步廊的动态效果

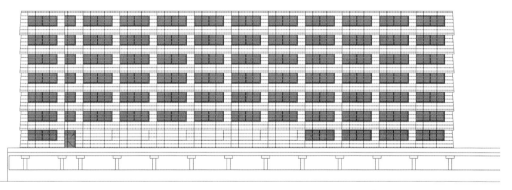

南立面图

北立面图

203

户
每公顷

建筑师	鲍姆施拉格·埃伯勒建筑事务所
地址	北京，中国
建成时间	2005 年
户数	208
户型数	3
居住人数	1224
用地面积	10240 平方米
建筑基底面积	2154 平方米
总建筑面积	64000 平方米

摄影 © 爱德华·休伯，保罗·里维拉

本项目坐落在北京城市中心与首都机场之间，主要构思理念均衡考虑了生态标准与经济性原则，最终的设计成果自外而内运转高效。在这种工作策略的统筹下，外立面元素扮演了关键性的角色。

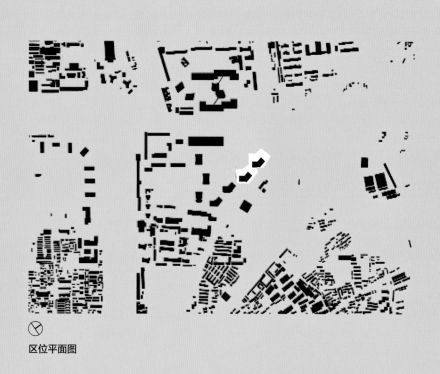

区位平面图

立面中外窗采用内退的造型处理
手法，并使用红铜框镶边。在这
种尺度的项目中，此类设计手法
增加了公寓的私密性

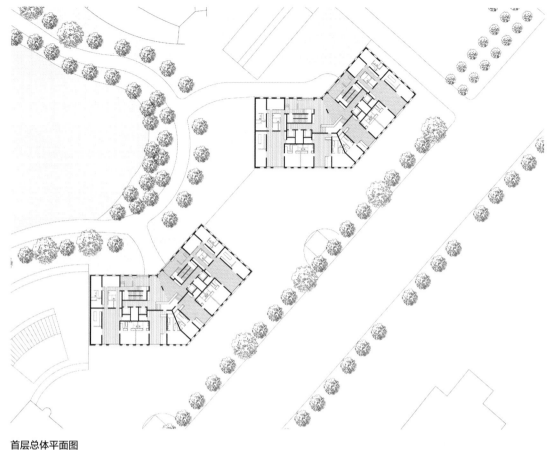

首层总体平面图

　　事实证明，选择欧洲建筑师主持工作，是本项目得以成功的关键性因素。设计讲求不同文化之间的对话与交流，筛选并采用必要的高科技手段，获得了环境友好型的建造实施策略。立面中使用的材料是根据耐久性标准选择的。外窗的玻璃与金属铜材都是在中国得到广泛运用的材料，而其他本土元素也被结合在项目之中：纵横交错、变幻莫测的棋盘形构图——包括立面中除玻璃之外的其他墙体板材元素——影射出中国文化中阴阳和谐的概念。项目的总平面设计与外围布局受到既有城市建筑物的限制，因此，工程师决定在楼座之间预留足够的空间，使得所有的公寓单元都享有良好的视野。

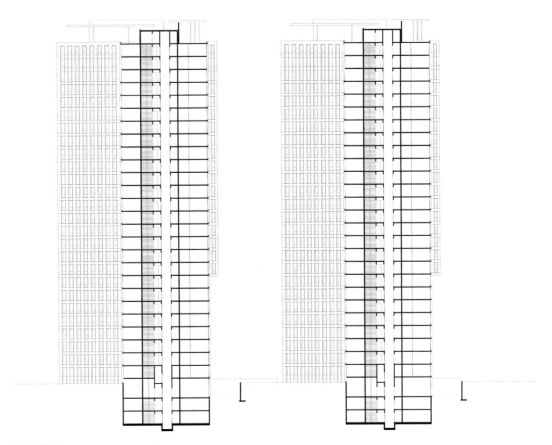

横向剖面图

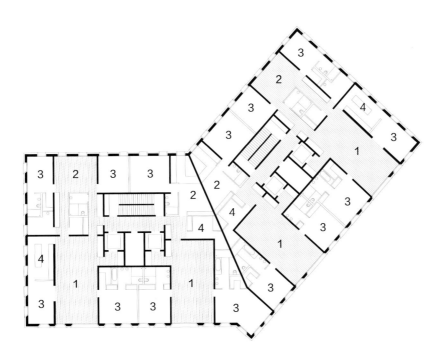

标准层平面图

1. 起居室兼餐厅
2. 工作室
3. 卧室
4. 厨房

规则有序的外窗排布方式在立面
的特定位置有所调整，水平连续
加大的玻璃窗视觉效果醒目，刚
好对应公寓内部的起居室空间。这
一处理模式打破了建筑表皮的单
调沉闷之感，使得立面构图更加
富于韵律节奏的变化

设计的出发点始于建筑外部，进而才逐步过渡到内部空间的打造。外立面与建筑室内保持着完全独立的相互关系，因此内部布局及其采用的各种技术措施在外表皮中并未得到反映。公寓吊顶内设置了可控的机械通风系统，连续不间断地输送新鲜空气，因此室内温度及湿度可以保持恒定。根据立面朝向的不同，外窗室内窗角的形态也有所调整，这是为了增加公寓的自然采光量，同时节约建筑耗能。两座塔楼共包括 208 户公寓，每户拥有四到五间卧室。标准层平面布局以保证空间与功能的灵活性为基本前提，因此室内家具的布置可以有多种不同的方式。

芝加哥河北岸富兰克林
大街 630 号公寓

730
户
每公顷

建筑师	布里宁斯图尔＋林奇
地址	芝加哥，伊利诺伊州，美国
建成时间	2006 年
户数	165
户型数	5
居住人数	300
用地面积	2258 平方米
建筑基底面积	2258 平方米
总建筑面积	21089 平方米

摄影 © 克里斯托弗·巴雷特 / 赫德里奇·布莱辛，芭芭拉·考兰特 / 考兰特摄影工作室，达里斯·李·哈里斯 / 帕吉特摄影工作室

富兰克林大街 630 号公寓——坐落在芝加哥河以北的社区之中，距离城市核心金融区几公里路程——这座住宅综合体周边围绕着海量的大型工业建筑，它们在建造过程中往往运用到预制装配式技术，因此这项工艺也成为本设计的主要构思线索。

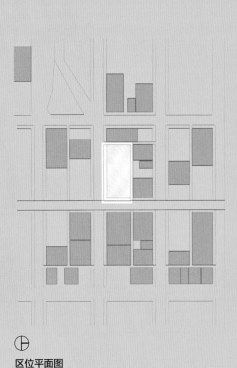

区位平面图

建筑背立面朝向街区的中心，气质显得更加豁达开放，构图愈加碎片化，与建筑正立面不同，这里拥有引人注目的宽敞阳台，它们是公寓空间的延伸与拓展

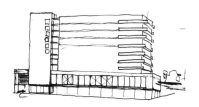

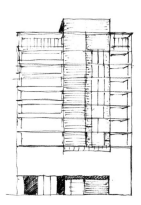

构思草图

标准层平面图

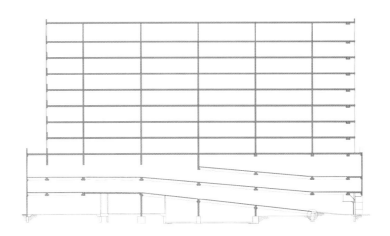

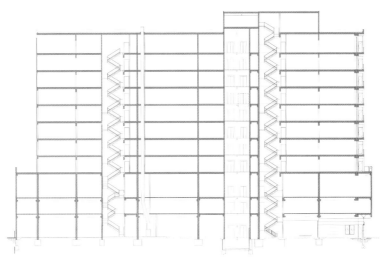

纵剖面图

公寓中的单元式玻璃落地窗自地面一直延伸到顶棚，将立面变成展现内部功能的窗口

预制结构构件与建筑的立面围护相互独立，并且被其他更加昂贵的材料装饰起来，创造出微妙含混的建筑风格语言。建设场地完全被一座坚固的基座所覆盖，其内部主要容纳停车空间和商业功能。立面中采用白色混凝土与透明玻璃，线条与构图强调出建筑的水平特性。公寓部分的建筑外立面采取恰当得体的设计策略，使之成为内部空间与人声鼎沸的外部社区之间的过渡与转换元素，而底部的基座造型封闭内敛，以便隐藏和遮挡内部的数层停车设施。富兰克林大街 630 号公寓拥有令人称道的高效预制混凝土结构体系——价格低廉，不仅强度足以支撑内部的多层停车场，而且防火特性优良，隔声性能也得到大幅度提升。混凝土材料的运用使得本项目易如反掌地融入环境背景之中，可与周边林林总总的工业建筑和谐共存，而且相关技术的运用也对如何满足现代住宅的功能与美学需求做出了新的探索与演绎。时至今日，大量城市中心区正在逐步失去曾经一度引以为豪的工业化特性，本设计为解决此类区域中的住宅典型问题提供了技术路线。建筑服务的目标群体则是那些希望居住在芝加哥中心地带的青年专业人才。

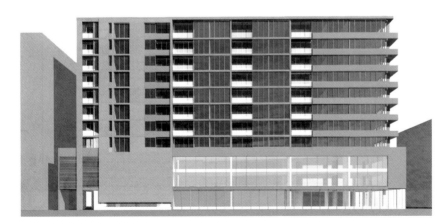

北立面图

西立面图

GM1607 号住宅

235
户
每公顷

建筑师	AT103 事务所 / 弗朗西斯科·帕尔多与胡里奥·阿梅兹库
地址	墨西哥城，墨西哥
建成时间	2005 年
户数	8
户型数	2
居住人数	28
用地面积	340 平方米
建筑基底面积	244 平方米
总建筑面积	1300 平方米
摄影	© 阿道夫·帕尔多

这个项目坐落于墨西哥城市中心地区，主要为那些初出茅庐的青年才俊们提供居所，粉红色霓虹灯下，建筑入口影影绰绰，成为视觉关注的焦点。明快的粉红色与立面中深暗黝黑的模块混凝土表层形成鲜明的对比，令建筑在环境背景中姿态挺拔，十分醒目。

区位平面图

》
建筑的外表皮形态与在公寓内部
展开的生活行为相互离析。这种
设计策略强化了室内各类空间元
素之间的联系

在空间狭小、规模有限的基地条件下，建筑的体量坚实厚重，综合考虑到高密度建造与环境背景影响等因素。本项目中，每个自然层包含两套公寓，同时，平面还被三个垂直的贯通空间分割打断：其中一个位置居中，另外两个分列两侧，它们都被植物覆盖，是公共空间与私人区域之间的过渡元素。建筑中央的贯通空间是公寓内部空间的拓展与延伸——它划分了户内公共区域与私人区域，并将阳光与自然通风带给每家每户。立面由 60 厘米 ×90 厘米的模块组成（其中随机布置外窗洞口），仿佛绵绵摊开的书卷，又令人联想起方方正正的日本折纸艺术，只有开敞外向的入口局部打破其固有的节奏。

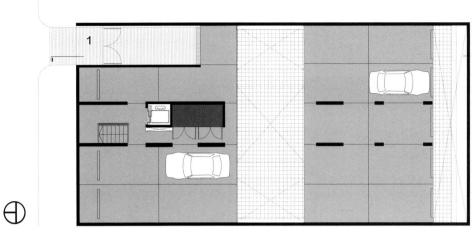

1. 车库入口
2. 人行入口
3. 客厅
4. 中央庭院
5. 卧室

首层平面图

一层平面图

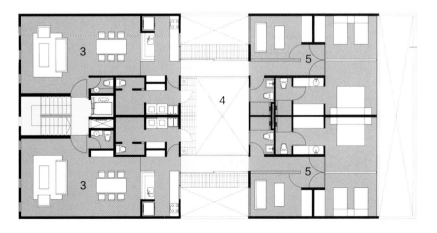

二层平面图

每户公寓拥有二至三间卧室，三间浴室，一个厨房，一个起居室，一个餐厅，两个停车位，一处储藏室，并且共享屋顶大型公共花园

正立面图

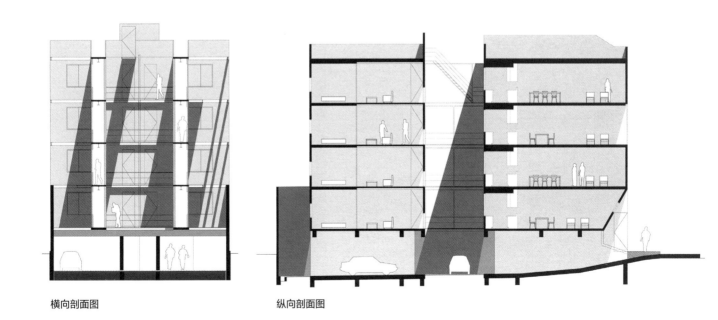

横向剖面图   纵向剖面图

赫瑞德住宅综合体

095

户
每公顷

建筑师	艾德里安·斯特赖奇事务所，迈耶 + 施泰因豪尔
地址	苏黎世，瑞士
建成时间	2006 年
户数	145
户型数	2
居住人数	500
用地面积	15353 平方米
建筑基底面积	3153 平方米
总建筑面积	35930 平方米
摄影	© 罗杰·弗赖

虽然赫瑞德住宅综合体改造项目规模宏大，但设计对立面的修改却十分有限，尽管如此，建筑师仿佛点石成金，通过极少的改动便使项目与周边环境肌理的关系得以重塑。除了公寓内部被翻新，以适应现代家庭的种种需求之外，东北立面中还新增了巨幅壁画，而东南侧的阳台也被扩建一新。

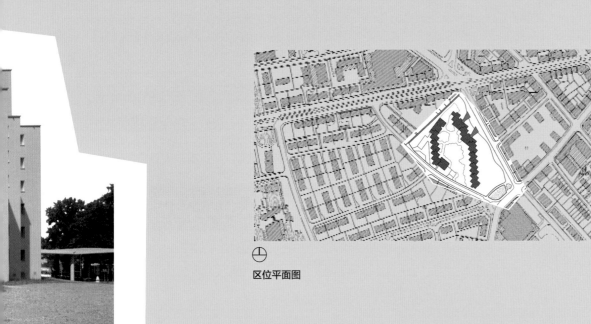

区位平面图

《
阳台把每户公寓与室外空间相互联系起来，崭新的入口与门廊强化了综合体与周边城市区域的密切关系

《《
艺术家朱迪斯·艾尔米格（Judith Elmiger）应用硅矿物质颜料创作了一系列壁画作品（每幅规格达20米×36米），表现了儿童嬉戏的场景

总体平面图

东南立面图

西北立面图

《
对建筑外围表皮的装饰修缮创造
出引人注目的视觉效果，使综合体
恢复了往日的辉煌与荣耀，重新成
为周边邻里居住区中的建筑地标

　　这座综合体建造于 1972~1975 年之间，由彼得·利曼（Peter Leeman）与克劳德·帕亚尔（Claude Paillard）负责，项目曾经名噪一时，成为赫瑞德地区规模最大的住宅建筑之一，具有里程碑意义。但历经岁月磨砺，综合体的各类设施损坏严重，这种情况促使苏黎世城市委员会组织设计竞赛，对项目进行改造升级。建筑师迈耶与施泰因豪尔被委托主持内部修缮工作，而外立面的整饬则交由艾德里安·斯特赖奇的事务所负责。项目场地的形态并不规则，为了获得最优的自然日照条件，建筑体型层层退进、鳞次栉比。建筑师延续利用这一特征，扩建了室外阳台，并使用了造型圆润、肌理柔顺的线条。这项改良措施打破了项目原来横平竖直的呆板效果，令其外观焕然一新，优雅动人。此外，设计新增了建筑出入口，并在原来封闭无趣的东北立面中增加了一系列绘画作品，这些都强化了综合体与周边社区之间的联系。内部翻修的主要目的是升级浴室、厨房及相关设施，使其满足今天的住宅技术要求。需要额外强调的是，

崭新的曲线阳台打破了原有建筑
体量僵硬死板的视觉感受，赋予
综合体简洁优雅、明快亮丽的全
新面貌

建筑师努力提升旧公寓内部的生
活质量：拆除隔墙，创造宽敞舒适
的起居空间，他们扩大开窗面积，
让更多的阳光进入室内

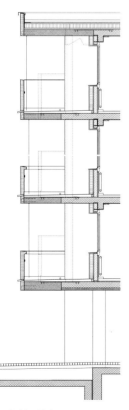

阳台平面图

阳台剖面节点

原来 181 户公寓中，约有三分之一不满足现行暖通规范（其中大多
数是为老年人服务的微型住宅单元）。这 60 套公寓经过改造转型，
升级为两种不同住宅产品：一类将原来的 3 套公寓合并，形成 120
平方米的新户型；另一类则由相邻一大一小两套公寓重新组合而成。
这一设计策略创造出 24 套精品住宅公寓，它们都拥有多个室外阳台，
产品附加值显著。项目更新的另一个关键点便是色系的选取与规划，
天蓝色、淡绿色、橘黄色等色彩均由纯度极高的天然矿物颜料配制
而成，设计灵感则来源于周边社区中已有的配色方案。

参考文献

图书

Deilmann, Harald; Bickenbach, Gerhard; Pfeiffer, Herbert
Conjuntos residenciales en zonas centrales, suburbanas y periféricas
Gustavo Gili
Barcelona, 1977

García Vázquez, Carlos
Ciudad hojaldre. Visiones urbanas del siglo xxi
Gustavo Gili
Barcelona, 2004

Koolhaas, Rem
Delirious New York
010 Publishers
Nueva York, 1978

Loos, Adolf
Ornament and Crime. Selected Essays
Gustavo Gili
Barcelona, 1987

Mackay, David
Viviendas plurifamiliares. De la agregación a la integración
Gustavo Gili
Barcelona, 1979

Montaner, Josep Maria; Muxí, Zaida
Habitar el presente. Vivienda en España:
sociedad, ciudad, tecnología y recursos
Ministerio de Vivienda
Madrid, 2006

Monteys, Xavier; Fuertes, Pere
Casa Collage, un ensayo sobre la arquitectura de la casa
Gustavo Gili
Barcelona, 2001

Safdie, Moshe
For Everyone a farden
MIT Press
Cambridge, 1974

Schittich, Christian
High-Density Housing. Concepts, Planning, Construction
In-Detail
Alemania, 2004

Solà-Morales i Rubió, Manuel de
Las formas de crecimiento urbano
Ediciones UPC
Barcelona, 1997

Vidotto, Marco
Alison + Peter Smithson
Gustavo Gili
Barcelona, 1997

期刊杂志

Architectural Design
2003 Home Front: New Developments in Housing

Architectural Review
1.265: 42-48/ 2002 Elevating the Everyday

Arquitectura Viva
107-108/ 2006 Madrid Metrópolis

El Croquis
129-130/ 2006 Herzog and de Meuron

Revista Envés
2002 Revoluciones por Minuto

博士论文

Albornoz Vintimilla, Boris
El nudo y la architecture. Aproximation crítica a los projects complejos
Unpublished doctoral thesis
Universitat Politècnica de Catalunya
Barcelona, 2000

相关网站

Hall, Peter
Living Skins: Architecture as Interface
http://www.adobe.com/designcenter/thinktank/
livingskins/

事务所名录

Adrian Streich Architekten
Hardstrasse 219, 8005 Zurich, Switzerland
T: +41 44 364 06 46
F: +41 44 364 06 47
info@adrianstreich.ch
www.adrianstreich.ch

Ana Elvira Vélez, Juan Bernardo Echeverri
Cra. 43ª #14-27, Of. 405, Medellín, Colombia
T: +57 4 266 93 69
M: +57 314 446 07 50
anaevelez@une.net.co
anivelez@gmail.com

Arons en Gelauff Architecten
Gedempt hamerkanaal 92 1021 KR, Amsterdam,
Holland
T: +31 20 423 55 30
F: +31 20 423 05 24
mail@aronsengelauff.nl
www.aronsengelauff.nl

AT103/Francisco Pardo and Julio Amezcua
Río Tiber 103-900, Cuauhtémoc, 06500 Mexico D.
F., Mexico
T: +55 5525 2556
info@at103.net
www.at103.net

Atelier Big City
55 Avenue du Mont-Royal Ouest, Suite 601,
Montreal, H2T 2S6 Quebec, Canada
T: +51 4 849 6256
F: +51 4 849 7013

bigcity@atelierbigcity.com
www.atelierbigcity.com

Baumschlager Eberle Architekturbüro
Davidstrasse 38, 9000 St. Gallen, Switzerland
T: +41 71 227 14-30/41 71 227 14-24
F: +41 71 227 14-25
office@baumschlager-eberle.com
www.baumschlager-eberle.com

BIG
Nørrebrogade 66d, 2.sal, 2200 Copenhagen,
Denmark
T: +45 7221 7227
F: +45 3512 7227
M: +45 2510 4478
big@big.dk
www.big.dk

Bob361 Architectes
29, Boulevard Poincaré, 1070 Brussels, Belgium
T: +32 2 511 07 91
F: +32 2 511 86 07
bxl@bob361.com
www.bob361.com

Brininstool + Lynch
230 West Superior Street, 3rd Floor,
Chicago, IL 60610, United States
T: +1 312 640 0505
F: +1 312 640 0217
bl@brininstool-lynch.com
www.brininstool-lynch.com

Burckhardt + Partner
Dornacherstrasse 210, 4002 Basle, Switzerland
T: +41 61 338 34 34
F: +41 61 338 34 35
basel@burckhardtpartner.ch
www.burckhardtpartner.ch

Cino Zucchi Architetti
Via Tiziano 9, 20145 Milan, Italy
T: +39 02 48016130
F: +39 02 48016137
studio@zucchiarchitetti.com
www.zucchiarchitetti.com

Clotet i Paricio Associats
Cl. Pujades 63, 3°, 08005 Barcelona, Spain
T: +34 934 853 625
F: +34 933 090 567

de architectengroep
Barentszplein 7, 1013 NJ Amsterdam, Holland
T: +31 20 530 48 48
F: +31 20 530 48 00
info@architectengroep.nl
www.architectengroep.nl

Dick van Gameren Architecten
Barentszplein 7, 1013 NJ Amsterdam, Holland
T: +31 20 530 48 50
F: +31 20 530 48 60
bergmans@vangameren.com
www.dickvangameren.com

JDS
Vesterbrogade 69d, 1620 Copenhagen V, Denmark
T: +45 3378 1010
F: +45 3378 1029
M: +45 6077 2113
email@jdsarchitects.com
www.jdsarchitects.com

Leddy Maytum Stacy Architects
677 Harrison Street, San Francisco, CA 94107,
United States
T: +1 415 495 1700
F: +1 415 495 1717
info@lmsarch.com
www.lmsarch.com

Loos Architects
Oosterdokskade 5 / 814, 1011 AD Amsterdam,
Holland
T: +31 20 330 01 28
F: +31 20 620 76 00
info@loosarchitects.nl
www.loosarchitects.nl

Meier + Steinauer
Neugasse 61, 8005 Zurich, Switzerland
T: +41 44 448 10 10
F: +41 44 271 56 66
msag@meier-steinauer.ch
www.meier-steinauer.ch

Paulett Taggart Architects
501 Greenwich Street, San Francisco, CA 94133,
United States
T: +1 415 956 1116
F: +1 415 956 0528
info@ptarc.com
www.ptarc.com

René van Zuuk Architekten
De Fantasie 9, 1324 HZ Almere, Holland
T: +31 36 537 91 39
F: +31 36 537 92 59
info@renevanzuuk.nl
www.renevanzuuk.nl

Riken Yamamoto & Field Shop
Takamizawa Bldg. 7f, 2-7-10 Kitasaiwai,
Nishi-ku, 220-0004 Yokohama, Japan
T: +81 45 323 6010
F: +81 45 323 6012
architects@ya-fa.ch
www.ya-fa.ch